現代生物学の
基本原理
要点集

大瀧 丈二

大学教育出版

まえがき

現代社会は、いわゆる「科学技術社会」です。それが良いか悪いかは別としても、科学を理解することは、現代社会に生きる私たちには必須となってきました。同時に、自然環境が破壊され、人間関係が希薄になっていく社会状況を反映してか、科学の中でも生物学こそが重要な位置を占めるようになってきました。「生命」「環境」「人間」といった私たちの生活に直接関わってくる分野が生物学です。生物学に対する期待と不安は、今後とも増大していくことでしょう。広い意味での生物学教育の重要性は、強調しても強調しすぎることはありません。

生物学の解説書や教科書はこれまでにも多数出版されています。しかしながら、事実の羅列によって紙面が埋められているものばかりが目立ちます。科学は科学者という人たちの人間的な文化活動の産物であるはずなのに、人間臭さがまったくない「無臭」の本ばかりなのです。それはそれで重要な情報を提供してくれることは認識しておかなければなりませんが、科学の面白さや論理そのものすら、まったく伝わってこない教科書がほとんどなのです。

そのような背景もあり、学生さんに何とか生物学の面白さ、論理性、思想的背景などを伝えたいと思い、『現代生物学の基本原理15講』(大学教育出版)を執筆しました。2005年のことです。広範囲の生物学分野を独自の視点からカバーしているユニークな著作として内外からそれなりの評価をいただき、当初の目的は達成できたかなと思っています。『現代生物学の基本原理15講』はそもそも琉球大学の学生さんのために執筆した本ですが、他のいくつかの大学でも教科書として使用してもらうことができ、大変喜ばしく思っています。

その一方で、『現代生物学の基本原理15講』の内容の難しさも指摘されました。私は、教科書とは読解することによって理解を深めるための媒体であると考えています。ですから、『現代生物学の基本原理15講』が多少「難しい」と批判されることは、むしろ喜ぶべきことだと思います。もし「難しい」と思うのであれば、それは学習のためのよいチャンスとなります。その機会に他の教科書も参考にして、直面する難しさに真剣に取り組んでいただければよいのです。そのような学習過程こそが重要であると私は信じています。

アメリカの大学では、どの授業でも分厚い教科書が時には何冊も与えられます。それらの教科書をすべて隈なく授業で取り扱うわけではありませんが、それぞれの学生の理解度に応じて教科書に取り組むことができます。当然、教科書は基本的に「難しい」存在です。私はアメリカの大学でそのような教育を受け、それが大変良かったと実感しています。

けれども、時代は変わってきたというのもまた確かです。高校で生物学を一切学習していない学生も、大学１年次に大学レベルの生物学を履修しなければなりません。その場合、高校の学習のように用語の暗記から学習を始めなければなりません。『現代生物学の基本原理15講』は確かにそのような目的のために書かれたわけではありません。実際に授業を進めていくにつれて、まったく生物学を学んだ経験のない学生のためにも何かをしなくてはならないことを認識させられました。とはいえ、大学での講義を高校の講義と同じ内容にしてしまうようなことは決してあってはなりません。それは、学習意欲のあるレベルの高い学生の伸びるべき芽をつむいでいるようなものです。

あるとき、『現代生物学の基本原理15講』について、ある先生からコメントをいただきました。「大変分厚いので、じっくりと取り組むのにはよいのですが、また次に何か簡単なものを企画なされているのですか」と。そのときはそのようなことは考えてもいなかったので、「そういうつもりはありませんが」と返事をしました。それからもしばらくの間は、要点集の作成については現実問題として捉えてはいなかったのですが、多くの学生と話しているうちに、その必要性を実感してきました。

本書『現代生物学の基本原理〈要点集〉』は、学生さんが暗記事項を詰め込むための伴侶となるように、『現代生物学の基本原理15講』で登場する内容を簡潔にまとめたものです。『現代生物学の基本原理15講』をいきなり読み始めるのには大きな困難を覚える入門者は本書から始めるのが得策でしょう。また、授業の予習・復習やテスト対策に有効に使用することができるでしょう。索引もつけましたので、辞書として使うこともできるでしょう。

本書と『現代生物学の基本原理15講』の章立ておよび見出しは、ほぼ確実に対応していますので、両書をより有効に活用することができます。それぞれの見出しに対して、その内容を理解するために必須の項目をいくつか列挙し、その定義を解説していくというスタイルで本書は構成されています。挙げられている項目については、本書独自のものもありますが、これは、たとえ要点集であっても、情報記述式の味気ない本にならぬよう、著者の色を反映させたものです。また、多くはありませんが、今回の要点集で加筆した重要用語もあります。巻末の索引も用語のチェックに使えるように配慮しました。

意外なことに、本書のように項目別にまとめられた大学生対象の生物学の参考書は、本書以外にはほとんど見当たりません。その意味でも、また、『現代生物学の基本原理15講』と併用できるという意味でも、本書の企画は大学の生物学教育において画期的なものではないかと自負しています。

本書ができるだけ多くの人びとにとって大学初年度の生物学の授業のための突破口となるだけでなく、適切な生物学の全体像を描くためのきっかけとなることを願っています。大学教育出版の佐藤守氏および安田愛氏には本書の企画に関して大変お世話になりました。この場を借りて厚く御礼を申し上げます。

2007年12月20日

琉球大学理学部にて
大瀧　丈二

現代生物学の基本原理〈要点集〉

目　次

まえがき …… 1

第1部　生物科学の考え方 …… 7
第1講　科学の立場を的確に捉える …… 8
第2講　生物学の大目標――複雑怪奇な生命現象を論理的に説明する …… 12

第2部　細胞が利用する化学現象 …… 21
第3講　化学的視点から生物を語る …… 22
第4講　生物のエネルギー・マネジメント …… 35
第5講　細胞内に秩序を構成する――特異的相互作用と膜の機能 …… 44

第3部　情報分子の働き …… 53
第6講　DNA→RNA→蛋白質――分子情報の流れ …… 54
第7講　遺伝子発現制御――現代生物学のパラダイム …… 60
第8講　蛋白質の構造と活性の制御 …… 68

第4部　高次現象の分子生理学 …… 79
第9講　細胞――細胞間・細胞内の情報伝達経路 …… 80
第10講　発生――形態形成の分子論 …… 89
第11講　免疫――自己を守る細胞ネットワーク …… 103
第12講　神経――動物行動の基盤 …… 113
第13講　進化――生物多様性と種分化 …… 121

第5部　生物学の実験技術と現代社会 …… 129
第14講　分子生物学と組換えDNA技術 …… 130
第15講　組換え技術の社会的利用 …… 140

用語リスト …… 145
索　　引 …… 153

第 1 部
生物科学の考え方

第I講 科学の立場を的確に捉える

(1) 科学は実験によって観測可能なことのみを論じる

□ 科学（哲学的定義）

実験や**観測**によって、証明可能なものについて論理的に議論すること。実験や観測が不可能なため証明不可能な対象は科学の対象にはならない。科学には実験という過程が必須であり、実験に即した理論の構築が必須。実験不可能な事象に関してはノーコメントである。

□ 不確定性原理

実験対象について「わかること」には限界があるという**量子力学**の原理。量子力学とは、電子や光子などの性質を扱う物理学分野。**不可知性**は技術の限界によるものではなく、電子や光子などの一般的性質。

(2) 実験系の限定

□ 実験系の限定【重要】

研究対象に関する条件付け。**条件設定**。研究対象をできるだけ限定し、その枠の中で的確に記述すること。変数を固定すること。科学するための必須条件。実験系の限定があってはじめて実験に**再現性**が得られ、その行為が科学となる。

(3) 客観性と再現性

□ 客観性

限定された系に関する主観的な**仮説**について、実験によって主観を修正していき、比較的多くの同業者から同意が得られるようになった状態。科学者も人間であるから、最初は主観的な意見から出発する。

□ 再現性（反復性）

同じ実験であれば、いつ誰がおこなっても同じ結果が得られること。客観性の根拠。これは実験系の限定があってはじめて可能となる。

(4) 生物学における還元論

□ 還元論【重要】

本来興味ある対象の枝葉を次々と切り落とし、重要な最小構成要素にまでその要因を絞り込むという論法。科学において最も広く適応される実験系の限定法。生物学分野では、分子生物学的方法論は還元論の最たるものの一つ。

(5) 自然界の階層原理

□ 階層構造

自然界の時空間はマクロ（巨視）からミクロ（微視）にかけてなだらかに縮小していくわけではなく、あるレベルから次のレベルへは階段状のギャップになっていること。生物界では、大雑把に言うと、生態系、種社会、個体、器官、組織、細胞、細胞小器官、分子、原子という順序でマクロからミクロへと階段状につながっている。

□ 階層原理

ある階層で得られた実験結果は別の階層へ安易に拡張できないこと。それぞれの階層にはそれぞれの性質があるために生じる。たとえば、分子レベルの結果が直接個体レベルにあてはまるとする議論には根拠がない。その根拠を得るためには、個体レベルで実験をする必要がある。

(6) 生物学における単一性と多様性

□ 単一性

すべての生物に適応されうる一般則のこと。**分子生物学**は、もともとは、生物現象における単一性・一般性を求めてきた学問。

□ 多様性

一般則の考案を不可能に思わせるほどに、生物がさまざまな側面を持つこと。種の多様性や遺伝子の多様性などが関心の対象となる。生物学者は多かれ少なかれ、生物界の多様性に惹かれている。**生物多様性**という言葉は、近年、環境問題の表面化とともに汎用されるようになった。

(7) WHAT・HOW・WHYに答える

□ WHATの研究

それまで知られていなかった分子や新種のチョウなどのモノの同定を目的とした研究。

□ HOWの研究

特定の分子間に生じる相互作用など、動的なメカニズムの解明を目的とした研究。

□ WHYの研究

どのような理由でなぜそのようになったのかという進化的時空間における動的な生物の機能を対象とした研究。WHYの研究は、実験系が限定しにくく、再現性が得られにくいが、生物学者の最大の関心事である多様性や進化の問題を含む。

(8) 科学教に陥らないための批判力

□ 絶対的真理

この宇宙に存在するとされる、疑い得ない絶対的な真理。妄想の一種で、絶対的真理は存在しない。教科書に列記されている科学的事実ですら絶対的真理ではない。

□ 批判的思考

論文や教科書など、いかにも正しそうに記されていることに対して批判的に考えてみること。科学に必須のプロセス。科学的批判には**論理性**が伴わなければならない。

□ 正当化

論文作成などの時点で、自分の持つデータをこれまでに知られている科学的知識の中で的確に位置づけること。一見乱雑に得られたようなデータを的確に再配置し、そのデータの意味を読むこと。これは科学には必須の行為。お話作り（**ストーリー・メーキング**）とまったく同様な思考過程。

(9) 文化活動としての科学

□ 科学（社会学的定義）

人間の知的文化的活動の一種。多くの人びとが信じれば真実となり、信じなければ異端の説となる。その意味で、科学は宗教的活動と類似している。

(10) 現代科学者の生活

□ 仮説

科学の最初の段階で科学者が思い描く主観。この仮説（問題設定）の良し悪しは研究の品質に大きく関わる。基本的には、科学者は仮説を立て、観察事実を蓄積し、実験し、データをまとめて論文として発表する。

□ インパクト・ファクター

アカデミックな論文を掲載する**専門雑誌（ジャーナル）**の評価。雑誌のランク付けに用いられる。具体的には、あるジャーナルに１年間に掲載された論文当たりの平均引用数。一般に、現代の科学者は、できるだけインパクト・ファクターの高い雑誌に自分の論文を載せようと努力する。

第2講
生物学の大目標
――複雑怪奇な生命現象を論理的に説明する

(1) 生物学の多様性と学問的位置付け

□ 実学

実際の経済効果（商品開発や利潤の追求）やある種の社会的目的の達成を目指す学問分野。工学、医学、薬学、農学などが代表的な実学。

□ 虚学

実際の経済効果には直接的には関与しない、物事の真理を探究する学問分野。学問中の学問。自然科学、社会科学、人文科学からなる。最近は虚学と実学の区別は曖昧になる傾向にある。

□ 自然科学

物理学、化学、生物学、地学などで構成される、自然現象を対象とする学問分野。単に「科学（サイエンス）」といえば、自然科学を指すことが通例。

(2) 複雑怪奇な生命現象を説明する

□ 摩訶不思議性

生命現象について、それまでの知識ではまったくの謎であるという神秘性。そのような生命現象の説明には、超自然的なものが想定されてきた。生物学の歴史は、生命現象の摩訶不思議性を取り除いて論理に置き換えていった歴史。

□ **生物学**

生命現象の論理的な説明を目指す学問分野。「生物学」は「バイオロジー biology」の日本語訳。「バイオ」とは「生物の」という接頭辞で、「ロジー」は「論理」という意味の接尾辞。あわせると、「生物の論理」。生きたそのままの生命現象をできるだけ「生のまま」捉えることを理想とする。

(3) 理解するとはどういうことか

□ **理解のタマネギ構造**

物事の理解にはさまざまな段階があることをタマネギの多層構造とのアナロジーで説明した言葉。本質的な理解のためには、その知識を批判し、自分の中で独自の評価を下すことが必要となる。具体的には、以下のさまざまな段階がある。

- その物事の存在を知る。あるいは名前を記憶する。
- その物事が発見されてきた歴史と現在の評価を知る。
- その物事を全体の中で的確に位置付ける。
- その物事のさまざまな面を知る。
- その物事に関して実際に手を動かすことによって、オペレーショナルな（操作的な）経験を得、紙上の知識との整合性を見出す。
- その物事や考え方に慣れ、まったく不自然さを感じなくなる。

(4) 一般性の追究としての物理学

□ **神の意図**

唯一絶対神としてのキリスト教の神がこの世の中（自然界）を創造したそもそもの目的。自然界という神の創造物について研究することは神の意図を汲み取る手段となる。

□ **神秘主義**

「この世界には神の意図が満ち溢れているはずである」という信条。ニュートンをはじめとした天才的物理学者たち――アインシュタイン、シュレーディンガー、ボーアなど——もほとんど神秘主義者。

□ ケプラーの法則

惑星が太陽を１つの焦点とする楕円軌道を描くことに関して、その惑星の速さや公転周期について説明する法則。ティコ・ブラーエの天体の動きに関する膨大な観察結果をケプラーがまとめたもの。この法則は「理由はまったくわからないけれども経験的にこうなる」という、いわゆる**経験則**。

□ ニュートン

近代科学（物理学）の祖。イギリスのケンブリッジ大学教授。敬虔なキリスト教徒。神学に対して厚い情熱を抱いていた。ニュートンはケプラーの法則を基盤として、天体の運動に限ったことではなく、ありとあらゆるものにみなぎる神の力が一般法則として描き出されると考えた。

□ 万有引力の法則

すべての物体はその質量に応じた引力を持つとする法則。すべての物体に当てはまる一般論。ニュートンによって提唱された。

(5) 生物学のスタイル——出発点としての二名法

□ 博物学

生物を観察し、記載することに主眼を置く学問分野。**自然史（自然誌）研究**とも呼ばれる。生物多様性（特に生物個体の形態的特徴）を記述する学問。生物学の出発点。

□ 二名法

生物の活動単位を種として認めたうえで、それぞれの種に与えられる公式名称の命名法。1758年、**リンネ**によって確立された。

□ 学名【重要】

二名法によって与えられる生物種の公式名称。ラテン語あるいはラテン語化された言語を用い、大文字で始まる**属名**（名詞形）と**種小名**（形容詞形）の二語の組み合わせで一つの種を表現する。たとえば、ヒトの学名は、ホモ・サピエンス *Homo sapiens*（属名＋種小名）。

(6) 生物学の統一原理――ダーウィンとウォレスの登場

□ 聖書の世界観

神は自己の形を真似て人間を創造し、他の生物は、人間が利用するために、それぞれ個別に神の意図に従って創造されたとする世界観。人間は神の特別な創造物。過去にも未来にも生物は変化しない。自然選択説以前の世界観。

□ ダーウィン

イギリスの大航海時代にガラパゴス諸島などに航海し、多くの生物を研究すると同時に、進化の自然選択説を唱えた博物学者。自然選択説は、1858年に**ウォレス**とダーウィンの共著として発表された。その翌年（1859年）に出版されたダーウィンの名著**『種の起原』**において、自然選択説が詳細に解説された。

□ 自然選択（自然淘汰）

ある環境下では、その環境に最も適した個体が自然に選択されること。自然選択説による進化の概念は、生物学における統一原理（共通原理）。すべての生物は共通の祖先から自然選択の原理に基づいて進化したとされる。種は過去に進化し、また未来では変化しているかもしれないという動的な世界観を提示。人間もその例外ではなく、過去に進化によって誕生したと論じられるため、聖書の世界観と矛盾を生じる。

(7) 用不用説と自然選択説

□ 獲得形質

ある生物が努力して後天的に獲得した形質。獲得形質の遺伝は一般的には不可能。多細胞生物には体細胞と生殖細胞という二種類の基本的に異なる細胞があるが、次世代に遺伝する形質は生殖細胞のものだけ。

□ 用不用説

獲得形質が次世代に伝わっていく結果、生物が進化するとする進化論。「獲得形質の遺伝」が中心概念。**ラマルク**によって提唱された進化論。ダーウィンとウォレス以前の進化論の代表。キリンの首が長いのは、首の短い祖先が高いところの葉を食べるように努力した結果であると説明される。基本的に誤りだが、進化のメカニズムを考えるうえで参考になる。

□ **自然選択説【重要】**

もともと集団内にさまざまな個性（形質）を持つ個体が存在する中で、最も生存に有利な個体が自然に多くの子孫を残していき、最後には集団全体がその子孫となってしまうと考える進化論。生存競争による**適者生存**が進化の原理であるとされる。ダーウィンとウォレスによって提唱された。集団レベルの多様性や変異に注目していることにも注意。自然選択説は、家畜や農作物の品種改良過程（**人為選択**）からヒントを得ている。

(8) 進化は集団レベルで起こる

□ **突然変異遺伝子【重要】**

何らかの変異を持つ遺伝子。DNA配列に異常がみられる遺伝子。突然変異はランダムに生じると考えられている。集団の多様性の基盤を与える。突然変異遺伝子を持つ個体（**突然変異体**）が偶発的に現われ、それが生存に有利であれば、集団レベルで世代を繰り返すと集団中のほぼすべての個体がこの突然変異遺伝子を持つことになる。

□ **種分化**（詳細は第13講を参照）

種が形成されること。種が形成される際の進化過程。生物の活動単位は種であるため、種分化の機構を研究することは進化の根本原理を研究することにつながる。

(9) 遺伝学を確立したメンデル

□ **メンデル**

オーストリアの修道院の聖職者。自分の修道院の庭に植えたエンドウマメで遺伝実験を行い、1866年、『植物雑種の研究』と題した論文を発表。当初は誰一人として彼の成果を理解できなかった。メンデルの死後、1900年に業績が「再発見」され、今ではメンデルは遺伝学の祖とされている。

(10) メンデルの法則

□ 遺伝子（遺伝学的定義）

形質を支配する物質。染色体上に存在する粒子状の物体と考えられていた。現在では、染色体を構成するDNAのうち、情報を持つDNA配列として定義される。

□ 染色体（細胞学的定義）

細胞分裂のときに現れ、娘細胞に均等に分配される物質。１個の染色体は1本の長いDNAと無数のDNA結合蛋白質から構成されている。

□ 相同染色体

体細胞において、性染色体を除く常染色体のうち、類似した形態（DNA配列）を持つ１対（２本）の染色体。減数分裂の際に対合する染色体。

□ 対立遺伝子

体細胞において、相同染色体の上にそれぞれ１つずつ合計２つ存在する遺伝子。少しだけDNA配列が異なる遺伝子。それぞれの対立形質に対応する遺伝子。

□ 二倍体

核型$2n$の細胞。一般に、体細胞は二倍体。体細胞内では、性染色体を除く染色体（**常染色体**）は、それぞれ相同染色体を持つ。２個の相同染色体のうち、片方だけを集めた数がnに相当する。

□ 体細胞分裂

生物体を構成する体細胞（生殖細胞以外の細胞）の細胞分裂。生殖細胞の生産の際に行なわれる分裂（減数分裂）と区別される。二倍体から二倍体の細胞が生じ、核型の変化は伴わない。

□ 半数体

核型nの細胞。一倍体とも呼ぶ。一般に、生殖細胞（卵子や精子）は半数体。半数体の細胞の中には、相同染色体は存在しない。

□ 減数分裂【重要】

相同染色体が分けられ、染色体の数が半減する細胞分裂。生殖細胞（卵子や精子）の形成過程において行なわれる。その結果、二倍体（核型$2n$）の細胞から半数体の生殖細胞が生じる。２個の生殖細胞が受精により融合すると、核型$2n$の細胞が生じる。

□ **単位形質【重要】**

多数の遺伝子によって支配されている形質ではなく、１つの遺伝子座（対立遺伝子）によってのみ支配されている形質。たとえば、豆の色（緑色や黄色）や形（すべすべやしわしわ）などは、それぞれ１つの遺伝子の存在によって決定されるため、メンデルの研究対象とされた。

□ **対立形質**

単位形質のうち、具体的に対立する形質。たとえば、豆の色という単位形質について、緑色と黄色が対立形質。

□ **量的形質**

多数の遺伝子、多くの環境要因、偶然性などによって支配されている、量的に変化する形質。たとえば、豆の大きさや重さは量的形質。単位形質ではないため、メンデルの研究対象としては除外された。

□ **表現型**

ある個体の形質に関する記述。豆の色に関しては、緑色や黄色という記述が表現型。

□ **遺伝子型**

単位形質の表現型をつくりだすために想定される遺伝子の組み合わせに関する記述。メンデルの業績の偉大さは、初めて表現型と遺伝子型の関連を明示したことにある。表現型と遺伝子型の関係性は、メンデル以降、遺伝子発現や形態形成の問題として現代生物学にまで延々と続くパラダイムとなっている。

□ **分離の法則**

ある形質を支配する１対の対立遺伝子は、配偶子（精子や卵子）が形成されるときにそれぞれの配偶子に分離されるとする法則。メンデルの三法則の一つ。１対の相同遺伝子がそれぞれ配偶子に分離される結果、その子には形質が分離されて表出される。１対の相同染色体は融合したりすることなく、同一細胞に存在しても独立性を保つ。遺伝子は粒子のような存在であり、絵の具のような不定形な存在ではない。

□ 独立の法則

同じ細胞内の２つの単位形質の遺伝子対について、配偶子形成の時に互いに干渉することなく、独立に配偶子に入ること。メンデルの三法則の１つ。ただし、これは２つの遺伝子対が別々の染色体上にあるか、染色体上でかなり隔たりがある場合には成り立つが、２つの遺伝子対が互いに近接している場合は成り立たない。

□ 連鎖

２つの単位形質の遺伝子対が同じ染色体上の近隣に存在する場合、配偶子形成の時にある確率で同一の配偶子に入ること。２つの遺伝子が組になって遺伝すること。独立の法則の例外をつくり出す。２つの遺伝子の物理的距離が近いため、配偶子形成の際に組換えによって２つの遺伝子が分離されることなく、あたかも同一遺伝子のように行動をともにする。

□ 優劣（優性）の法則

表現型に与える影響力が対立遺伝子間で異なること。メンデルの三法則の一つ。たとえば、緑色あるいは黄色という色に関する形質を支配する対立遺伝子をそれぞれRとｒで表現する。すると、この２つが同時に細胞内にある場合はRのみが表現型に寄与する。この場合、Rが優性であり、ｒが劣性であるという。緑色と黄色の親同士が交配しても、その中間色である黄緑になることはなく、子は緑か黄色になる。ただし、これは法則といえるほど一般性のあるものではない。中間色の黄緑になるような場合も多々ある。ここで用いられる優性・劣性という言葉は、優れている・劣っているという意味ではなく、単に表現型への寄与の大きさを示しているにすぎない。

□ 優性遺伝子

表現型に寄与する対立遺伝子。優性遺伝子は、普通、大文字で記される。

□ 劣性遺伝子

表現型に寄与しない対立遺伝子。劣性遺伝子は、普通、小文字で記される。

［コラム1］何のために勉強するの？ 企業が求める人材とは

高校生は大学に入ることを目標に勉強します。理想としては、大学で専門知識を学び、それを土台として、企業に就職するなりして社会に出ることになります。大学は専門知識を学ぶ場所ですから、そのような知識を欲する人だけが進学すればよいのであって、そうでなければ進学する必要はないというのが、一応の建前でしょう。

しかしながら、現実には、いまどき大学も出ていないと就職の幅がかなり狭められることは確かです。特に専門知識を欲しているわけではないけれども社会がそうなっているから仕方なく進学するとか、何も考えずに進学する学生さんがほとんどを占めているのが現実だと思います。

ですから、大学で勉強する目的自体が明確でない場合がほとんどでしょう。そして、入学したら、特に興味もない生物学やら何やらを履修させられるわけですから、モチベーションがまったく不明確となり、授業に出席しない学生さんも多くみられるようになってしまいます。

たとえば、生物学者になりたい場合は、大学の理学部に入学するというのは納得できますが、そうでない場合、生物学を勉強して何になるのかという疑問も湧いてくることでしょう。ましてや、少なくとも現在の日本社会では（将来は変わってくる可能性も大きいと思われますが）、企業側は大学の成績をさほど気にしませんし、大学院進学の際にも、大学時の成績がさほど大きく影響することはありません。

では、就職時に企業側は大学に何を求めているのでしょうか。あるいは、日本社会における学部教育の位置づけは何でしょうか。

ここが重要なところなのですが、企業側は大学時の成績優秀者を頭ごなしに求めているわけでは決してありませんが、多くの企業がやはり「大卒」を求めてきます。企業や社会が実際にほしい人材選択の基準は、「何をやったか」ではなくて、「何かをちゃんとやってきたか」ということなのです。さらに、そのやってきた「何か」を「ちゃんとした考え方のもとにやってきたか」ということなのです。

具体的に言えば、現実問題として、企業は大学の新卒採用者が即戦力として役に立つとは考えていません。大学で学んだ個々の知識はテストが終わればすぐに忘れてしまいますから、そのようなものに期待することはできません。大学で個々の内容として何を学んだかはあまり重要ではないのです。それよりも、どの分野であれ、何かをちゃんとこなしてきたかということを人材採用の基準としているのです。その意味で、成績は一つの判断基準にはなりますが、それ以上のものではありません。何かをちゃんとこなせる人材なら、大卒でなくてもよいわけですが、ちゃんとこなせる人材を採用できる確率が大卒のほうが高いというだけのことです。

つまり、ちゃんと勉強するということは、社会に対する自分の信頼を確立するための第一歩なのです。そして、ちゃんとやれば、個々の知識はすぐに忘れるとしても、それなりの面白さや考え方が自然と身についてくるはずです。

第 2 部

細胞が利用する化学現象

第3講 化学的視点から生物を語る

(1) 生物学の特徴——生物学と化学の違い

□ 化学

あらゆる物質の性質とその変化を研究する学問分野。この「あらゆる物質」には生体を構成している物質も含まれるため、とりわけ生物学に隣接している分野。しかし、化学では、分子の性質が原子構造や電子の挙動の結果として説明されればよい。生物学では、分子の化学的性質よりも、生体内での機能や進化的意義を理解することを重視する。

□ 歴史性

生物および生物を構成している生体分子も、すべて**偶然と必然**の織り成す進化の結果として存在していること。生物学は基本的に歴史科学的側面が大きい。そのため、生物における一般法則はそれほど多くなく、そこに多様性が生まれる。生体分子の性質は、物質として化学の法則に従うが、生物独自のものが進化を通して蓄積されている。

(2) 生体を構成する分子

□ 生気

物質に生命を与える人智を超えた超自然的な力。**生命力**。18世紀の初頭においては、生体物質は特別な生気によって支配されているため、非生体物質とは本質的に異なると信じられていた。生気を中心に生物を考えることを**生気論**という。

□ 機械論

物質を中心に生物を考えること。生気論に対する用語。生物を機械として捉える考え方。現代生物学は機械論。

□ 尿素の有機合成

シアン酸アンモニウムという無機物質を加熱・濃縮することにより、尿素という有機物質を人工的に合成すること。動物のみがつくることができるとされていた尿素の合成に、1828年、**ウェーラー**が成功。これを契機として、生気や生命力などという概念は生体物質の理解には不要のものと考えられるようになった。

□ ウレアーゼの結晶化

ウレアーゼ（尿素の加水分解酵素）という比較的小さな蛋白質を結晶として得ること。1926年、**サムナー**が達成した。生体の機能を司る巨大分子としての蛋白質分子は、決して不定形の「どろどろとした」存在ではなく、結晶化可能な一定の形（３次元構造）を持っていることがわかった。

□ インスリンのアミノ酸配列決定

比較的小さな蛋白質であるインスリンを構成しているアミノ酸配列を決定すること。1955年、**サンガー**によって達成された。蛋白質が決してランダムなアミノ酸のつながりではなく、秩序だった特定のアミノ酸配列を持っていることが判明。特定の立体構造と特定のアミノ酸配列こそが特定の蛋白質のアイデンティティーであり、それが特定の機能に結びついていることが示唆された。

□ 二重らせん構造モデル【重要】

ウィルキンズ研究室のフランクリンが撮影したDNAのＸ線結晶回折写真をもとにして、**ワトソンとクリック**が提唱したDNAの立体構造モデル。1953年に提案された。遺伝情報を保持しつつ、子孫にその情報を伝達するという機能も、このDNAの構造から明確に示唆された。

□ **構造生物学**

生体高分子（蛋白質および核酸）に関して、分子の構造こそはその機能を語るという考え方を根幹とし、生体高分子の立体構造を決定することに重きを置く学問分野。生物の摩訶不思議性を生体高分子の構造そのものに還元する考え方。

(3) 生体を構成する化学物質の種類

□ **生体を構成する元素**

炭素C、水素H、酸素O、窒素Nの4種類がほとんど。それらだけで生体重量の99％近くを占める。その次に**燐P**、**硫黄S**。生体分子は、基本的には4本の手（原子価）を持つ炭素原子を骨格として構成される。

□ **水**

生体を構成する分子として圧倒的に多い分子。化学式H_2Oからわかるように、水素原子2個と酸素原子1個の化合物。細胞の重量の70％近くを占める。水分子内の極性のため、非常に特殊な性質を示す。

□ **極性**

分子内の電子の偏り。水分子では、酸素原子のほうに電子が強く引き寄せられているため、分子内で電荷の偏りがみられる。酸素原子は若干マイナス、水素原子は若干プラスを帯びている。

□ **水素結合【重要】**

極性を持つ分子同士が、その極性を打ち消しあうように水素に対して配向する化学結合。共有結合より弱いが、それなりに強く、生体高分子の構造維持に非常に重要な役割を果たす。水には極性があり、水分子同士が水素結合を形成しあっている。

□ **水和**

水が他の物を溶かす性質。他のイオンなど、極性のある分子の周囲を取り囲んでしまうこと。水の極性から生じる性質。

□ 疎水相互作用

水と接する極性のない分子同士が寄り集まる弱い力。水は極性を持つため、非極性分子は水によって排除される。そのため、排除された分子同士が寄り集まり、集合体を形成する。

□ 水のイオン化

水分子がある確率で解離し、**水素イオン**H^+と**水酸化物イオン**OH^-をつくり出すこと。H^+を放出する物質を**酸**、OH^-を放出する物質を**塩基**と定義すると、水は酸でもあり、塩基でもある。

□ 低分子量有機化合物

細胞を構成する低分子量有機化合物は、**糖質**、**脂質**、**アミノ酸**、**ヌクレオチド**の４種類。低分子量有機化合物は、炭素原子数30くらいまでのものを指す。それより大きいものは、有機化合物が重合してできた巨大分子。

□ 糖質

ＣとＨとＯで構成されている化合物。**炭水化物**とも呼ばれる。炭水化物という名称は一般式$C_n(H_2O)_m$で表わされる化合物という意味。糖質の代表であるグルコースは、細胞のエネルギー源として使われる。グルコースの酸化の過程が呼吸。

□ 脂質

ほとんど水に溶けず、比較的大きな炭化水素鎖を持つ物質群。脂質も糖質と同様に、エネルギー源として使用される。**脂肪酸**、**燐脂質**、**ステロイド**などから構成される。

□ 脂肪酸

酸性を示す脂質。動物の脂肪に含まれるパルミチン酸$CH_3(CH_2)_{14}COOH$に代表されるように、親水性の部分（カルボキシル基）と疎水性の部分（炭化水素）とから構成されている。

□ 燐脂質【重要】

燐酸基を持つ脂質。細胞膜の構成成分。燐脂質には、一般に親水性の燐酸部分と２本の疎水性の炭化水素部分があり、**燐脂質二重膜**を構成する。燐脂質の代表例として、ホスファチジルコリン（レシチン）がある。これは生体膜の主要な成分。

□ **ステロイド**

ステロイド核と呼ばれる化学構造を持つ脂質。性ホルモンやコルチコイド（副腎皮質ホルモン）などのホルモンとして機能する。

□ **アミノ酸【重要】**

炭素原子に**アミノ基（$-NH_2$）**、**カルボキシル基（$-COOH$）**、水素原子$-H$、および**側鎖（$-R$）**が共有結合した化学種。生体などpH7付近では、カルボキシル基の水素原子は解離し、アミノ基は水素原子を受けとるため、**$NH_3^+-CHR-COO^-$**という構造をとる。陽イオン性と陰イオン性が単一分子内に共存する**両親媒性**（両極性）を示す。アミノ酸は蛋白質の構成単位。神経伝達物質として利用されているγ-アミノ酪酸（GABA）やグルタミン酸などがアミノ酸。グルタミン酸ナトリウムはいわゆる味の素（食品添加物）。

□ **ヌクレオチド【重要】**

DNA（デオキシリボ核酸）と**RNA（リボ核酸）**といった核酸の構成単位。ヌクレオチドとその類似体は、そのほかにも、補酵素として機能する**コエンザイムA（CoA）**、還元力の源泉となる**NADH**、エネルギーの通貨と言われる**ATP（アデノシン三燐酸）**、細胞内情報伝達経路の第二メッセンジャーとして活躍する**cAMP（サイクリック・エーエムピー**；アデノシン環状燐酸；環状AMP）、分子の活性調節に使われる**GTP（グアノシン三燐酸）**などがあり、ヌクレオチドの機能は多彩。

（4）核酸の構造

□ **ポリマー**

モノマー（単量体）が多数重合した分子。**重合体**あるいは多量体ともいう。

□ **巨大分子**

蛋白質、核酸、多糖などに代表されるポリマー。蛋白質はアミノ酸のポリマー、核酸はヌクレオチドのポリマー、多糖は単糖のポリマー。水以外からなる生体重量のうち、ほとんどは巨大分子（特に蛋白質）が占める。特に蛋白質と核酸は、生体機能および生体情報を担っており、分子生物学の中心的な研究対象となっている。

□ 遺伝子

蛋白質に翻訳されるなどの情報を持つDNA配列。DNAと遺伝子は同義ではない。真核細胞では、DNAは遺伝物質として細胞の核の中に存在する。

□ DNA（デオキシリボ核酸）の構造【重要】

- DNAはヌクレオチドが長くつながったひも状の巨大分子。染色体1個は1本の長いDNA分子に相当する。
- 1本のDNA分子は2本の「細いひも」が互いに巻きついたものから構成されている。
- その「細いひも」には方向性があり、細いひもの片方の端を**5'末端**、逆の端を**3'末端**と呼ぶ。これはDNAのモノマーであるデオシキリボヌクレオチドの結合の方向性に起因している。
- 2本の「細いひも」が互いに逆向きに平行に巻きついている。この状態を**逆平行**と呼ぶ。
- 「細いひも」はひもの長軸に沿った「骨格部分」と長軸に垂直に少し飛び出した「結合部分」に分けられる。
- 「細いひも」の「結合部分」では、水素結合を介した**塩基対形成**により2本が互いにくっついて、全体として1本のひもとして存在している。
- 互いに巻きついた2本の「細いひも」は、単に長いまっすぐな鎖をつくるのではなく、互いに巻きついて**二重らせん構造**を形成している。
- 「骨格部分」では、鎖の外側に位置している。**デオキシリボース**という糖と**燐酸基**が交互につながって、**糖・燐酸骨格**を形成している。
- 燐酸基はその鎖の内側にデオキシリボースの3番目（**3'位置**）の炭素原子と酸素を介した**エステル結合**を形成。さらに、燐酸基は次のデオキシリボースの5番目（**5'位置**）の炭素原子ともエステル結合を形成。まとめて、**ホスフォジエステル結合**と呼ぶ。
- デオキシリボースの1番目の炭素には、「塩基」が結合。これが「細いひも」の「結合部分」を構成する。
- 塩基とは、DNAの場合、**アデニン(A)**、**チミン(T)**、**グアニン(G)**、**シ**

トシン(C)の４種類。

- それぞれの塩基について、塩基対を形成する相手が決まっている。アデニンは必ずチミンと結合。グアニンは必ずシトシンと結合。これが、DNAが自己の塩基配列を保存しつつ複製される根本原理。
- AとT、GとCの間には**水素結合**により塩基対が形成される。AとTの間には２本の水素結合が、GとCの間には３本の水素結合が形成される。
- 塩基対を形成している２本のDNA鎖は互いに**相補鎖**と呼ばれる。

□ RNA（リボ核酸）の構造【重要】

- RNAは基本的に１本鎖構造。ただし、分子内である部分同士が相補鎖を構成し、一部が二重鎖となっていることも多い。また、遺伝子発現調節に関与する**RNA干渉**の機能をもつ小さなRNA(siRNA・miRNA)は二重鎖構造を持つ。
- 化学的にRNAは反応性に富む。DNAは反応性に乏しく、比較的安定。
- 骨格の糖としてRNAでは**リボース**(DNAではデオキシリボース)が使用されている。この違いが反応性の違いとなって現れている。
- 2’部位の炭素に酸素(正確には水酸基；－OH)が結合しているのがリボース、水素のみが結合しているのがデオキシリボース。
- RNAの場合、DNAのチミン(T)が**ウラシル(U)**に置き換わっている。RNAは、A、U、G、Cの４塩基で構成されている。

(5) 蛋白質の構造

□ 不斉炭素原子

４本の手のそれぞれに異なったグループを結合している炭素原子。アミノ酸の中心となる炭素原子をα（アルファ）炭素原子と呼ぶが、α炭素原子は不斉炭素原子。つまり、アミノ酸は鏡像異性体を持つ。ただし、生体には**L型**のみが存在し、D型は存在しない。

□ ペプチド結合【重要】

アミノ酸が２個つながるときに形成される結合。ペプチド結合では水が取れて**－CO－NH－**が形成される(**脱水縮合**)。これは平面構造をしており、回転することはできない。一方、α炭素原子の4本の結合は正四面体構造の結合で、自由に回転できる。回転の自由度は、蛋白質の鎖の折り畳み方に影響を与える。

□ 蛋白質【重要】

アミノ酸がペプチド結合によって重合してできたポリマー。生物が使用している側鎖Rは少数の例外を除いて**20種類**のみ。これらの側鎖Rの種類でアミノ酸の性質が決まる。

(6) 化学結合の本質としての電気陰性度――共有結合からイオン結合まで

□ 共有結合【重要】

分子内の原子同士をつなぎとめて分子を構成している大変強い力。共有結合が壊れたら、分子のアイデンティティーそのものが変わる。2つの原子が**電子対**を互いに共有することによって生じる結合の意味。

□ 原子価

結合可能な手の数。炭素は4個、窒素は3個、酸素は2個、水素は1個の原子価を持つ。原子価を満足するように共有結合が形成される。

□ 最外殻電子

原子において、最も外側の原子殻（最外殻）に存在する電子。最外殻が電子で充足されたときに原子は最も安定でハッピーな状態にある。この条件を満たすべく、共有結合をはじめとした様々な化学結合・相互作用が生じる。

□ 電気陰性度【重要】

原子が電子対を引きつける力。一般的には陽子数が大きくなれば電気陰性度も大きくなるが、電子軌道の組成などにも影響を受けるため、電気陰性度は実験的に求められた数値。同じ種類の原子同士あるいは類似種の原子同士では、同じまたは類似値の電気陰性度を持つ原子同士であるため、同程度に電子を引きつけあい、比較的安定な共有結合を形成する。一方、異なった電気陰性度を持つ原子間での共有結合の電子対は、どちらかの原子により強く引き付けられるため、分子内で電子の分布の偏り（**極性**）が生じる。

□ 電気陰性度の高い原子【重要】

F(フッ素)、**O(酸素)**、**N(窒素)**、Cl(塩素)。生物においてFとClは化合物としてはほとんど使用されない。一方、OとNは生物においても汎用され、電気陰性度の高さのためにさまざまな重要な役割を果たしている。生物分子はほとんどが炭素化合物であり、炭素原子同士で安定な共有結合をつくる。炭素原子と水素原子の電気陰性度には大きな違いはないため、炭素と水素は安定な結合をつくる。一方、炭素に酸素が結合した場合は電気陰性度が異なるため、その部分は比較的不安定な反応しやすい部分となる。

□ 官能基

有機化合物において、反応しやすい特定の原子団。酸素原子や窒素原子など、電気陰性度の高い原子を含む部分は、電荷の偏りのため、官能基となる。化合物の性質には、官能基の性質が反映される。

□ イオン結合

電子を放出または受け取ることで電気を帯びた原子・分子間に起こる結合。原子間に電子の移動が起こり、その結果としてイオン化した原子・分子同士が引き合う状態。電気陰性度が非常に大きく異なる原子の間では、片方の原子があまりにも強く電子を引っ張るため、電子が「共有」されず、片方の原子に「単独所有」されてしまう結果であると考えることができる。完全な共有結合とイオン結合の間には、中間的な結合が多く存在するということに注意。

(7) 波動方程式と化学結合の概念

□ 波動方程式

電子が原子中で受ける原子核からの力と他の電子から受ける力を総合し、最も安定な状態を**確率**として求める方程式。電子の挙動は、波動方程式に従う。電子は粒子であると同時に波動的性質を持つことからこの名がある。波動方程式を解くことによって、電子の存在確率が得られる。

□ 原子軌道

一定のエネルギー・レベルにある電子が、最も高い確率で存在する場所。波動方程式によって得られる電子の存在確率の高い場所。量子数によって規定される、電子の入るべき部屋。

(8) 原子軌道という電子の部屋は量子数によって規定される

□ 量子数

原子・分子において電子が入るべき部屋（エネルギー・レベル）を規定する変数。波動方程式をはじめとした量子力学の結実によって、電子が原子軌道上である一定レベルのエネルギーしか保有できないことが判明した。**主量子数**、**方位量子数**、**磁気量子数**によって部屋が規定され、電子の性質として**スピン量子数**が与えられる。

□ 主量子数

電子の主なエネルギー・レベルを規定する変数。主量子数は１から６までの整数。つまり、エネルギー・レベルは最も低い１の状態から最も高い６の状態までのいずれかしかなく、その中間地点のエネルギー（たとえば1.3など）は存在しない。エネルギーはとびとびの値として原子の中であらかじめ**量子化**されている。ただし、主量子数で決められているとびとびの値は、他の量子数によってさらに細分化されているので、その限りにおいては多少の中間地点のエネルギー・レベルも許されている。主量子数が１の軌道はK殻、２の軌道はL殻、３の軌道はM殻、４の軌道はN殻と順次呼ばれる。

□ 方位量子数

主量子数によって規定された軌道のうち、軌道の形を表す変数。s、p、d、fで表現される。主量子数１のエネルギー・レベルに対応する方位量子数は1sだけが許される。主量子数２の場合は、2sと2pが許される。３の場合は3s、3p、3dが許される。sには１種類、pにはxyz軸方向それぞれに３種類があり、それは次の磁気量子数で規定される。

□ 磁気量子数

方位量子数によって規定された軌道のうち、軌道の軸を表す変数。p軌道はxyz軸に３種類あるが、そのx、y、zが磁気量子数に当たる。s軌道には１種類のみが許される。

□ スピン量子数

電子のスピンの種類で、1／2か－(1／2)の2種類しかない。主量子数、方位量子数、磁気量子数で規定される同じエネルギー・レベルの各「部屋」には、電子対として電子が2個ずつ入ることが可能。その際には互いのスピン量子数は異なっていなければならない。

(9) 電子配置の一般則

□ 電子配置

電子が原子軌道を占有している状態。電子配置の一般則は以下の通り。

① 電子は空いている軌道（部屋）のうち、エネルギー・レベルの最も低い状態のものを占有しようとする。

② 同じエネルギー・レベルの軌道（部屋）がいくつか空いていた場合、電子は先にすべての軌道に1個ずつ分配され、その後に主量子数、方位量子数、磁気量子数で規定された同じ軌道に2個の電子が入る。

③ 同じ軌道に2個の電子が入る場合、互いのスピン量子数は異なっていなければならない。

(10) 共有結合の本質としての混成軌道

□ 結合性軌道

他の原子核および電子からの電気的影響によって、2つの原子の軌道が結合してできた軌道。単一の水素原子のｓ軌道は球形だが、2個の水素原子が互いに接近すると、s軌道が重なって長丸状態の結合性軌道になる。s軌道同士の結合は、sというアルファベットに対応するギリシア文字を使って**σ（シグマ）結合**と呼ぶ。これが共有結合の正体。

□ 混成軌道（炭素原子）

炭素原子内で元来存在する軌道の間に調整が起こり、新しく合成された軌道。2s軌道と3個の2p軌道($2p_x$、$2p_y$、$2p_z$)が合成され、**sp^3混成軌道**がつくられる。このsp^3混成軌道こそが、炭素の原子価を4にし、正四面体構造を成り立たせている。その他、エチレンの二重結合に代表される**sp^2混成軌道**、アセチレンの三重結合に代表される**sp混成軌道**が炭素原子には存在する。これらの混成軌道の安定性の違いによって、その結合の反応のしやすさが異なってくる。

（11）非共有結合

□ 非共有結合【重要】

イオン結合、水素結合、疎水相互作用、ファンデルワールス相互作用などの総称。それぞれエネルギー・レベルが異なる。非共有結合は、共有結合に比べて結合力が弱いため、比較的簡単につくったり切ったりすることができる。

□ イオン結合

電子を「放出したい」原子・分子と電子を「受け取りたい」原子·分子とがペアになって起こる結合。片方が完全に電子を放出し、もう片方が完全にそれを保有している状態、つまり、電子の共有度がゼロであれば、それはイオン結合と呼ばれる。イオン結合は、共有結合の極端な例であると考えることができる。

□ 水素結合【重要】

酸素と水素、窒素と水素の共有結合において、電気陰性度の違いのため、分子内に極性が生じるが、この極性が水素を介して配向した結合。蛋白質の折り畳みやDNAの相補鎖の形成などに貢献している。生体分子においてイオン結合と水素結合は非常に重要。

□ 疎水相互作用

水の極性による極性分子の集合の裏返し効果。水に代表される極性分子同士はプラスとマイナスが分子内に存在するため、それを打ち消しあうように配置しようとして寄り集まる。一方、極性やイオン性のない分子は水と馴染めず、水から排除され、結果的にはある場所に寄り集まる。疎水相互作用は細胞における膜構造の生成に貢献している。

□ ファンデルワールス相互作用

原子・分子が非常に接近した場合だけに作用する、ありとあらゆる原子・分子が持っている非常に弱い力。原子・分子同士が接するほどの近距離だけで働く。軌道内の電子のゆらぎが原因で生じる。

(12) 水の性質と酸塩基の概念

□ 水の電離式

$H_2O \rightarrow H^+ + OH^-$ という電離式。水分子は酸素原子と水素原子という電気陰性度が大きく異なる2種類の原子から構成されているため、酸素原子のほうに電子が偏っている。つまり、水分子は極性を持つ。そのような水分子はある確率で分解して、水素イオン(H^+)と水酸化物イオン(OH^-)を生じる。

□ pH（ピーエイチ）

水素イオン濃度指数。水の分解反応においては、1分子の水あたり1分子の水素イオンと1分子の水酸化物イオンが生じるため、両イオンの比は1対1。そして、それぞれの濃度は、25℃付近では1.0×10^{-7} Mとなっている。pHは、**$pH = -\log[H^+]$** で定義される。つまり、水素イオン濃度のべき数の絶対値がpH。純粋な水のpHは7。

□ 酸性・塩基性

H^+またはOH^-が多い水溶液の性質。H^+が多い場合を酸性、OH^-が多い場合を塩基性と呼ぶ。また、水に溶けてH^+を放出する物質を**酸**、H^+を受け取る物質（あるいはOH-を放出する物質）を**塩基**と呼ぶ。たとえば、イオン結合性分子HAについて、$HA \rightarrow H^+ + A^-$の場合、HAは酸。その逆反応、$H^+ + A^- \rightarrow HA$ では、A^-が塩基。つまり、酸と塩基は必ずペアとして存在する。

(13) 特異的相互作用を駆使する

□ 特異的相互作用【重要】

蛋白質や核酸を介した生体の化学的活動の根幹にある分子の相互作用に関する原理。たとえば、ある酵素はある特定の化学反応のみを触媒し、他の化学反応にはまったく関与しないことを指す。酵素の基質は酵素の活性部位と呼ばれる穴の中に「特異的に」はまり込み、化学反応が進行しやすい状態に保持される。この穴の形状により、反応の特異性が生じる。基質と酵素の相互作用は、基本的に非共有結合による。

第4講 生物のエネルギー・マネジメント

(1) 生物におけるエネルギーの流れ

□ エントロピー

系の**乱雑さ**。**秩序**の反対語。系内の変化の方向を規定する要因。

□ エントロピー増大の法則【重要】

この宇宙ではエントロピーは時間とともに必ず増大しなければならないという法則。**熱力学の第二法則**とも呼ばれる。ところが、生物では、時間（発生過程）とともに、むしろ分子の秩序が生まれてくる。そのトリックは、生物（この場合は動物などの従属栄養生物）は食べ物という形で外部から秩序あるエネルギーを取り入れていることにある。生物体は**開放系**であり、外部から取り入れた余りあるほどの「質の高いエネルギー」を消費して、自己の内部に適切な秩序を再構築する。そして、生命活動全体として考えると、宇宙のエントロピーは増大している。

□ 光合成

太陽エネルギーを用いて化学物質を合成する、つまり、太陽の光エネルギーを化学物質の結合エネルギーとして保存する過程。生物が取り入れるエネルギーは、ほとんどすべて太陽エネルギーに端を発する。光合成の過程は非常に複雑な過程だが、最初と最後の状態だけを考えると、以下のような式で表わすことができる。

水(H_2O)＋二酸化炭素(CO_2)＋光エネルギー
→ 糖($C_6H_{12}O_6$)＋酸素(O_2)

□ 呼吸

光合成の結果として合成されたものが食物として他の細胞に取り入れられ、細胞質やミトコンドリアにてエネルギーが解放される過程。光合成とまったく逆の化学反応。糖に化学結合として蓄えられた結合エネルギーを解放し、そのエネルギーを使ってADPと燐酸からATPを生産する過程。化学反応の種類としては糖の酸化。以下のような式で表すことができる。

糖($C_6H_{12}O_6$)＋酸素(O_2)
→ 水(H_2O)＋二酸化炭素(CO_2)＋化学エネルギー

(2) エネルギーとは――熱力学の第一法則

□ エネルギー保存則【重要】

エネルギーとは、ある閉鎖された実験系（**閉鎖系**）の中において、どのようなことが起ころうとも保存される数量のこと。エネルギー保存則はエネルギーの定義でもあり、**熱力学の第一法則**とも呼ばれる。エネルギー保存則は自然界の事象すべてに当てはまり、例外は一つもない。エネルギー保存則は、その閉鎖系で実際に何が起こっているかには関与しない。閉鎖系の中でいかなる複雑な自然現象が起こっても、いつもまったく同じとなる数量がエネルギー。

□ エネルギー形態

運動エネルギー、重力の位置エネルギー、化学エネルギー、熱エネルギー、質量エネルギーなどのエネルギーの形態。エネルギー形態はさまざまであるが、物体の運動、重力、化学物質、熱、質量などの本質としてエネルギーという数量を考えると、さまざまな異なった物理的現象を統一的に考えることができる。熱力学的には、エネルギー形態が変換していく過程が自然現象である。「万物は流転する」（古代ギリシア哲学者ヘラクレイトスの言葉とされている）という言葉に象徴される。

（3）自由エネルギーの概念

□ 自由エネルギー変化 ΔG【重要】

系内の変化だけに注目した場合に、系内のある変化が自発的に起こるかどうかという指標。系内の自由エネルギー変化は ΔG（デルタ・ジー）と表記され、$\boldsymbol{\Delta G = \Delta E - T\Delta S}$ という一般式で表わされる。ここで、ΔS は系内のエントロピーの変化、T は系内の温度、ΔE は系内のエネルギー変化。

ΔG が負になるような変化（化学反応）は**自発的**に起こりうる。ΔG がゼロの場合、系は平衡状態にあり、それ以上の変化は起こりえない。生物は基本的に非常に秩序だった存在（ΔS が負）であるため、上記の式の $-T\Delta S$ は正の値になる。自由エネルギー変化 ΔG 全体を負にするには、エネルギー変化 ΔE が $-T\Delta S$ を打ち消すほど大きく負の値でなければならない。これはエネルギーを多量に消費することを意味する。生物はこれによって**恒常性**を維持している。

（4）自由エネルギー変化と物質量（モル濃度）

□ ΔG とモル濃度の関係

A + B→C+D という化学反応について、以下の式で表される関係。

$$\Delta G = \Delta G^0 + RT\,ln([C][D]/[A][B])$$

モル濃度がわかれば、自由エネルギー変化 ΔG を計算できる。つまり、その化学反応が自発的に進むかどうかを検討することができる。ここで、ΔG^0 は標準自由エネルギー変化と呼ばれ、標準状態における各反応の固有の値、つまり、定数。R は気体定数（1.98×10^{-3} kcal／mol・K）、T は絶対温度（K = 273+℃）。数式の中の ln とは、自然対数のことで、底が e（= 2.718）のログのこと（$lnX = log_e X$）。

□ 反応速度

化学反応の速度。反応速度が観測できるほど十分に早くなければ、反応は進んでいないことと同じである。ΔGは反応の妥当性についての評価で、ΔGが負でも実際に現状で反応が進む（実験者にとって十分に適切な反応速度である）ことを保証しているわけではない。ΔGや平衡定数は、反応速度については何もコメントしていない。ΔGが負であっても、現実的には反応はほとんど進まないということは普通にありえる。

□ 触媒作用

ΔGを変えることなく、反応速度を大幅に変えること。生体内でそのような役割を果たしているのが、**酵素**。ΔGが負であれば、酵素なしではほとんど進まない反応でも、酵素の存在下では円滑に進む。

(5) 共役によって自由エネルギーを稼ぐ

□ 共役【重要】

化学反応を二種類組み合わせて同時進行させること。ΔGが正の反応を進行させる方法。既存の系内に別の反応を取り込み、その反応と同時に起こせば、新しい系全体としてΔGを負にすることが可能となる。たとえば、A→BのΔGが+3kcal/molだとする。この状態では、AからBへの自発的な反応は起こらない。ここにまったく別の反応である**アデノシン三燐酸（ATP）**の分解反応 $ATP + H_2O \rightarrow ADP + P_i + H^+$を同時進行させるとする。2種類の反応を合成すると（つまり、同時に進行させると）以下のようになる。

$$A + ATP + H_2O \rightarrow B + ADP + P_i + H^+$$

ATPの分解反応はΔGが−7 kcal/mol であり、反応全体ではΔGが$(+3)+(-7)=-4$となり、全体としては化学反応が進行する。これが化学反応の共役。

(6) 活性化エネルギーを越える

□ 活性化エネルギー

ある反応を進行させてより低いエネルギー状態へ移動する際に、越えなければならないエネルギーの山。一般に、ΔGが負の反応でも、実際の反応が迅速に進むとは限らないが、その理由は、それぞれのエネルギー状態は、活性化エネルギーの山に囲まれており、その山を越えることができないため。山が高ければ高いほど、偶発的に山を越える集団は減り、全体として反応速度はゼロに近づく。活性化エネルギーは触媒作用によって低くすることができる。

(7) 解糖系とTCAサイクル

□ 解糖系

グルコースからATPを生産する、細胞質に存在する一連の酵素群による分解系。解糖系の作用によってグルコースは**ピルビン酸**にまで変化させられる。6個の炭素原子を持つグルコースが3個の炭素原子を持つピルビン酸2分子に変えられる過程で2分子の**ATP**と2分子の**NADH**が生成される。このATPとNADHは生体に必須の分子であり、これらをつくることが、食べ物を食べる「目的」である。

□ TCAサイクル（クエン酸サイクル）

解糖系で得られたピルビン酸が、酸素が豊富な状態でミトコンドリアに取り込まれ、**アセチルコエンザイムA**という反応性の高い物質に変化したあとに進む一連の分解系。アセチルコエンザイムAは、二酸化炭素と水にまで完全に分解される。TCAサイクルの最大の「目的」は、**NADH**を生産すること。このNADHはミトコンドリア内膜の**電子伝達系**に用いられ、さらに**ATP**を生産する。

(8) エネルギーの通貨としてのATP

□ ATP（アデノシン三燐酸）【重要】

アデニンという塩基にリボースという糖が結合してできたアデノシンに、燐酸基が三つ連続的に結合している分子。ヌクレオチドの一種。生体においてエネルギー通貨として使用される。食料として供給される物質は一律ではないため、それぞれの食べ物はそれぞれに対応した消化酵素によって分解され、さらにATPに変換される。ATPに変換することで、他の化学反応との**共役**を媒介するさまざまな酵素がそれを利用できるようになる。

□ 高エネルギー燐酸結合

ATPには3個の燐酸基があるが、これらの間の燐酸結合（共有結合）のこと。この最も先端および2番目の燐酸結合は、共有結合のわりには非常に分解されやすい状態にある。その理由は、燐原子に結合している酸素原子が負に帯電してため。3個並んだ燐酸基には、酸素の負電荷が4個もある。この4個の負電荷がそれぞれ反発しあうため、ATPは適度に安定であると同時に、適度に分解されやすい状態にある。そのため、エネルギー通貨として最適。

(9) 酸素の存在と酸化

□ 酸化

酸素化されること。酸素との化合反応。ある物質が酸素によって攻撃され、酸素化合物が生成される過程のこと。そして、有機化合物が完全に酸化された場合、最終的に二酸化炭素と水が生じる。たとえば、最も単純な酸化過程であるメタンの燃焼反応($CH_4 + 2O_2 \rightarrow CO_2 + 2H_2O$)では、メタンの酸化により、二酸化炭素と水が生成する。広義には、酸化とは、電子がある物質から引き抜かれる化学反応。その場合は、実際に酸素原子が関与しなくてもよい。

□ 還元

酸化の逆反応。「元に戻す」という意味の言葉。酸化されたものを元に戻す反応。広義には、還元とは、引き抜かれた電子がもとの状態に戻される化学反応。

□ 酸化還元反応

酸化と還元をまとめた呼び方。酸化は還元と独立に起こることはできない。一方が電子を引き抜けば、それは還元され、引き抜かれたほうは酸化される。

（10）酸化的燐酸化と化学浸透圧説

□ NADH

ニコチンアミド・アデニン・ジヌクレオチド（NAD）に水素が結合したもの（還元型）。**TCAサイクル**によって生産される。グルコース代謝の最終段階である**酸化的燐酸**の過程では、このNADHが使用され、解糖系とTCAサイクルよりも多くのATPがここで生産される。同様にTCAサイクルによって生産され、酸化的燐酸化の過程で使用される類似分子に、**$FADH_2$（還元型フラビン・アデニン・ヌクレオチド）**がある。

□ 酸化的燐酸化

ミトコンドリア内膜において、NADHと$FADH_2$が酸化される過程と共役して燐酸化（ATPの合成）が起こる過程。ミトコンドリア内膜の外部に出された水素イオンが、ATP合成酵素のチャネルを通って内部に流れ込むエネルギーでADPの燐酸化によるATPの生産過程が駆動される。

□ 呼吸鎖

NADHと$FADH_2$の水素原子から陽子と電子を引き抜くことによってATPを生産するために用いられるミトコンドリアの内膜に埋まっている酵素群。呼吸鎖を構成する酵素群を**電子伝達系**とも呼ぶ。

□ 酸化的燐酸化のメカニズム【重要】

① NADHと$FADH_2$から水素原子が引き抜かれる。

② 水素原子の電子は呼吸鎖（電子伝達系）へ、陽子（水素イオンH^+）は**ミトコンドリア内膜**の外に押し出される。つまり、電子と陽子が別々に取り扱われる。

③ 結果として膜内は負に帯電し、膜外は正に帯電する。膜外は水素イオン濃度が高く、膜内は水素イオン濃度が低くなる。

④ ミトコンドリア内膜に特異的なチャネルが存在する。そのチャネルは蛋白質の複合体で、それ自体がATP合成酵素。チャネルを通って、ミトコンドリア内膜の外部から内部へと水素イオンが移動する。

⑤ そのときのエネルギーによってチャネルの酵素活性が駆動され、ADPと燐酸からATPが合成される。つまり、ADPのリン酸化が起こる。その

ために、この反応系を**酸化的燐酸化**と呼ぶ。

□ 化学浸透圧説

ミトコンドリア内膜によって酸化的燐酸化のエネルギーが保持されているという学説。1961年に**ミッチェル**によって唱えられた。エネルギーは膜による**電気化学的勾配**に蓄えられている。化学浸透圧説以前は、高エネルギー状態の保持には、一般的に燐酸化合物のような共有結合体が使われると考えられていた。

(11) エネルギー代謝研究の歴史――生化学から生まれた生物の単一性

□ アルコール発酵

酵母菌の解糖系において、酸素が不十分な場合、糖が最終的にエタノールに変換される過程。20世紀初頭、酵母菌において全体像が明らかにされた。

□ 乳酸経路

筋肉において、酸素が不十分な場合は、解糖系の最終産物として乳酸が生成される経路。最終産物は異なるが、酵母で得られたアルコール発酵と非常に類似した代謝系。グルコースからピルビン酸に至る経路（解糖系）は酵母と筋肉というまったく異なった生物体においてほとんど同じ。ここに、生物の単一性が浮き彫りにされる。生物が単一の祖先から進化した分子レベルの証拠となった。

[コラム2] 研究者の性格は？

研究者というと、真面目で口数が少ないようなイメージがあると思います。研究に集中するあまり、社会的にはあまり適応していないようなイメージもあることでしょう。自分は研究者向きの性格であるとかそうでないとかいう話もよく耳にします。

私が色々な研究者をみてきた経験からいうと、確かに研究者には「研究馬鹿」的な側面が強くありますが、研究者の性格自体は多種多様です。私の大学院のときの教授は、まるでコメディアンのように冗談ばかりをいっていました。

特に最近では、巨大科学が好まれるようになってきたためか、組織を統制していく政治家的な手腕を発揮して「科学者」としての業績をあげる人が多くみられます。そのような人は、実際には自分で実験台に向かって科学をすることはありません。巨大科学の意義も全否定はしませんが、これは思想を伴わない科学を加速させることにつながっているように思います。

［コラム３］大学で学ぶこととは

大学で学ぶということは、学問とは何か、研究やプロジェクトを実施するとはどのようなことかを学ぶことです。それがわかれば、今後の自分の人生での「プロジェクト」を自分自身で切り盛りしていく能力を身につけることができます。

企業が求める人間像も、結局はそこにあります。大学でちゃんと的確な単位を取り（極めて優秀である必要はありませんが）、的確に卒業研究をこなしているということは、就職後でも、新しいプロジェクトを的確にこなすことができる可能性を示しているというわけです。

では、中身自体をできるだけ学習しないで、「ちゃんとしたもののやり方」だけを学ぶことはできるのかというと、それは不可能なのです。大学で学んでも中身をすぐ忘れるから意味がないという批判はよく耳にします。しかし、そのような理由で大学の授業をいたずらに軽視する人は、悪い意味で「要領のいい人」といわれ、企業から信頼を得ることはできないでしょう。あなたが企業主であったら、そのような人に重要なプロジェクトを頼む気にはならないでしょう。

もちろん、大学でなくても「ちゃんとしたもののやり方」を身につけることは可能ですが、その機会が大学で与えられるのであれば、それを活用したほうが得策だと思います。そして、何かをやるのであれば、自分の興味に沿った分野を選ぶほうがよいわけです。しかしながら、「自分の興味」というのは一体何でしょうか。それが明確であれば大学生活においてもあまり苦労はしないと思います。もし明確でない場合、大学４年間を通して模索していくことが必要です。

ところが、日本の大学では、入学時点ですでに学部学科を決定していなければなりません。つまり、高校の時点で自分の興味を明確にしておくことを要求されているのです。多くの人にとって、それは不可能なことです。そして、たとえ自分の興味というものが高校時代にあったとしても、それは数年後には変わってしまう可能性もあります。

さらに本質的なことは、「自分の興味」が本当に魂の底から湧き上がってくるものであることは稀で、テレビや新聞といったマスコミの扇動によってつくられた妄想に過ぎない場合も多々あることです。そのような意味でも、学部生の時代には、幅広い学問分野を学ぶことをお勧めします。多くの社会事情の理解に必須である生物学と社会学を学び、自分独自の価値観を構築していくことを、個人的にはお勧めします。

高校時代に無理やり専攻を決めなければならないとはいえ、日本社会にも救いはあります。前にも述べたとおり、企業側は大学で学んだ個々の知識についてはほとんど求めません。理学部でも文学部でも、ちゃんと何かをやってきたのなら、ある程度何でもよいのです。人生のやりくりでは、自分に与えられた環境を最大限に生かすことが基本です。もし生物学を学ぶことで何かを得られるのであれば、得られるものは得てから次なるステップへと駒を進めることが正当でしょう。

第5講
細胞内に秩序を構成する——特異的相互作用と膜の機能

(1) 生命現象の基本単位としての細胞

□ 分子間の特異的相互作用と膜による仕切り【重要】

細胞内に秩序を生むための物理化学的源泉。生物は体内でエントロピーを減少させる（秩序をつくり出す）ことが必須であり、そのための工夫であると考えることができる。分子が織り成す秩序や組織化の過程にこそ、生命が宿っている。つまり、生命とは動的なものであり、分子相互の動的な秩序だった関係が重要。膜構造と機能の多様化は特に真核生物の大きな特徴。

(2) 拡散という「移動手段」

□ 分子の熱運動

分子の熱による運動。熱は系が平衡状態であれば、分子にランダムな動きを与える。熱運動による分子の動きが**拡散**。非平衡状態においては、拡散の進行によって乱雑さ（エントロピー）が大きくなる。

□ 親和性（アフィニティー）

分子同士が相互に引きつけあう力。分子間の相互作用。基本的には拡散だけでは秩序は失われるが、拡散の結果、分子同士の相互作用が特異的であれば、それが生物において秩序を生み出す源泉になる。

(3) 平衡移動の概念

□ 平衡状態【重要】

すべてが止まっているように見え、そのままにしておくとそれが永久に続く状態。正反応と逆反応の反応速度が等しくなり、一見何も反応が起こっていないように見える状態。見かけ上の濃度はどこでも同じ。最も単純な可逆反応式 A+B ⇄ AB の場合、溶液中に一定の割合のA、B、ABがそれぞれ存在し、それらの割合が変化することはない。しかし、それらの分子は実際には止っているわけではなく、水溶液の中では熱運動によって分子は絶えず動いているが、すべてランダムな動きであるため、マクロに見れば何も起こっていないように見える。平衡状態ではいくら時間をかけても自由エネルギー変化はなく、ΔG は常に 0($\Delta G = 0$)。

□ 反応速度

化学反応の速度。反応速度は反応物の濃度に依存する。濃度が高いほど衝突確率が高くなり、活性化エネルギーを越える分子の割合が多くなるため、反応速度は大きくなる。

□ 平衡定数 K_a

平衡状態におけるモル濃度の比。最も単純な可逆反応A+B ⇄ ABの場合、K_a =[AB]／[A][B]で示される値。一定条件のもとでは、反応に固有の定数となる。平衡定数とモル濃度の関係を**質量作用の法則**とも呼ぶ。

(4) 濃度変化による平衡移動と分子の移動

□ ル・シャトリエの法則（平衡移動の法則）

すでに平衡に達している系に、平衡状態の乱れの原因となる何らかの要因が加えられた場合、加えられた要因を緩和する方向に平衡が移動するという法則。細胞内分子の濃度調節や活性調節には、平衡移動の原理がしばしば使用されている。

□ **λ(ラムダ)リプレッサー［平衡移動の法則の利用例］** (詳細は第7講を参照)

① λリプレッサー蛋白質は二量体として特定のDNA配列（リプレッサー結合部位）に結合する。リプレッサー結合部位はDNA上に隣接して3箇所A、B、Cがこの順で並んで存在する。リプレッサー二量体はそれぞれのDNA結合部位に異なった特定の親和性を持つ。Aへの親和性が最も高く、Bへの親和性とCへの親和性はほぼ等しい。

② リプレッサー分子がDNA結合部位に拡散によって接近する場合を考える。リプレッサー分子は最も親和性の高いA部位に最初に結合。リプレッサーの細胞質濃度があまり高くはない場合、この状態で平衡状態になる。その場合、特定のリプレッサー分子は熱運動などでA部位から離れることがあったとしても、他のリプレッサー蛋白質が素早くA部位に結合し、実際には何も起こっていないように見える。これが平衡状態。

③ 細胞質のリプレッサーの濃度を下げると、リプレッサーは自然に離れる。なぜなら、熱運動で偶発的に離れてしまったときに、もはや代わりのリプレッサー分子は周りには存在しないため。

④ 細胞質におけるリプレッサー分子の濃度を上げると、B部位には親和性が低いにもかかわらず、結合し、その状態で平衡に達する。C部位もB部位と同じ親和性を持つため、同様にそこにもリプレッサー分子が結合する。

(5) 平衡定数から相互作用の強さを知る

□ **会合定数（結合定数）**

A＋B ⇄ ABのときの平衡定数[AB]／[A][B]＝K_a のこと。一定条件のもとでは、会合定数（結合定数）が大きいほど、分子間の相互作用は強い。

□ **解離定数**

A＋B ⇄ ABの逆反応のときの平衡定数[A][B]／[AB]＝K_d のこと。一定条件のもとでは、解離定数が大きいほど、分子間の相互作用は弱い。特異性も低い。会合定数の逆数。

(6) 膜によって仕切りをつくる

□ 細胞膜の構造【重要】

燐脂質の二重層に膜蛋白質が埋めこまれたもの。膜には流動性がある。燐脂質分子は細長い分子で、分子の一端が**親水性**（水と相互作用をしやすい性質）で反対側が**疎水性**（水を「はじく」性質）を持つ。つまり、水と油の性質を兼ね備えた分子。そのため、水をはじく部分が互いによりそって膜を形成する。膜の中に膜タンパク質が埋まるように存在する。多くの膜蛋白質は膜を貫通した形で保持されているため、膜の内外の環境に同時に接している。細胞膜は燐脂質と蛋白質を混ぜたような構造をしているので、細胞膜の**モザイク構造**とも呼ばれる。イオンや巨大分子が透過できないというのが燐脂質二重膜の重要な特徴。透過には膜蛋白質が必須。

□ 輸送体

細胞内に選択的に外部から分子を取り入れるための膜蛋白質。グルコース輸送体やイオン・ポンプが含まれる。イオン・ポンプはエネルギーを使って膜内外のイオンの分布を調節。イオン・ポンプとイオン・チャネルの違いに注意。

(7) 細胞内外のイオン分布の制御——ナトリウム・ポンプ

□ 細胞内外のイオン分布

一般に、細胞内部ではナトリウム・イオン（Na^+）の濃度が低く、カリウム・イオン（K^+）の濃度が高い。逆に細胞外液ではナトリウム・イオンの濃度は高く、カリウム・イオンの濃度は低い。すべてのイオンには細胞膜の内外で分布の差がみられる。

□ イオン・ポンプ

細胞膜内外のイオン濃度の違いの維持に貢献している膜蛋白質。**ナトリウム・ポンプ**はATPの化学エネルギーを使ってナトリウム・イオン３個を細胞内部から汲み出すと同時に細胞外部からカリウム・イオン２個を汲み入れる。細胞の生存に必須であるだけでなく、神経の興奮に必須。細胞の浸透圧の調節にも重要。

(8) 細胞の起源――細胞膜と自己複製分子の共生

□ 化学進化

生命が誕生するまでの化学物質の進化の過程。生物進化と同じく、化学進化も自然選択と隔離によるとされる。

□ 原始スープ

原始地球上に生じた高濃度の有機化合物のスープ。生命の誕生に貢献したとされる。原始地球には酸素はほとんどなく、宇宙放射線や落雷も激しく、自然放電による化学合成が可能であった。その結果、非生物的に有機化合物が生じたとされる。

□ 触媒機能分子

原始的な酵素のような化学反応の触媒機能を持つ分子。原始スープの中で出現したとされる。さらに、その中でも、自己複製能力を持つ分子（自己複製分子）が出現したとされる。

□ RNAワールド

原始の自己複製分子としてRNA（リボ核酸）が使用されていた世界。原始の自己複製分子は、DNAのような「遺伝情報」とDNAポリメラーゼのような複製触媒機能を同時に持っていなければならない。その有力候補がRNA。

□ リボザイム

触媒作用を持つRNA分子。RNAワールド説の論理的基盤を与えた。

(9) 原核細胞からの進化――細胞内共生説

□ 生物の大分類（原核生物と真核生物）【重要】

核を持たない**原核生物**と核を持つ**真核生物**。原核生物は**真正細菌**と**古細菌**に分類される。真核細胞には核があり、膜で仕切られた明確な細胞内構造がある。これに対し、原核生物には核がなく、細胞内には複雑な膜構造もない。細菌は原核生物。動物、植物、菌類などは真核生物。

□ 細胞内共生説【重要】

細菌同士が互いに共生しあって真核生物のミトコンドリアおよび葉緑体が発生したとする説。ミトコンドリアおよび葉緑体はそれぞれ独自の遺伝子や蛋白質合成経路や代謝経路を持つ。膜も二重膜となっており、ある細胞に別の細胞が侵入したような結果を思い起こさせる。細胞内共生に伴って真核生物が誕生したとされている。

(10) 真核細胞の特徴としての膜構造

□ 細胞内小器官（オルガネラ）

細胞内に存在する小さな構造体。**細胞小器官**とも呼ぶ。**ミトコンドリア**、**葉緑体**、**リソソーム**、**ゴルジ体**、**小胞体**など。

□ 真核細胞の膜構造

真核細胞には様々な細胞小器官があるが、膜構造を持つことが多くの細胞内小器官の共通点。ミトコンドリアと葉緑体は二重膜を持つ。真核生物では、繊毛、樹状突起、軸索など、膜性の突起の発達も顕著。

(11) 膜電位の発生機構

□ 膜電位【重要】

細胞外部を基準（0 mV）としたときに細胞内部の持つ電位差。細胞によって異なるが、おおよそ−60 mV付近。膜電位はイオンを一定の方向に導く膜上の穴であるイオン・チャネルの性質によって決定される。カリウムのみを透過させる穴である**カリウム・リーク・チャネル**が膜電位のほとんどを決定する。

□ 静止電位（静止膜電位）

神経細胞において、活動電位が発せられていない状態における電位。神経細胞の膜電位。細胞外部の電位をゼロとしたときの神経細胞内部の電位。

□ 膜電位発生の思考実験【重要】

① 塩化カリウムの結晶を水に溶かす。カリウム・イオン(K^+)と塩化物イオン(Cl^-)が解離し、濃度が均一の状態（平衡状態）になる。

② 膜で囲まれた「仮想の細胞」をつくる。この膜はカリウム・イオンも塩化物イオンも透過しないため、膜の外と中とでまったく2つの系に物理的に分けられたことになる。

③ 膜の外液の塩化カリウムの濃度を10分の1にまで減らす。この仮想の

細胞の膜はカリウム・イオンも塩化物イオンも透過させないため、膜の内外の濃度差は10倍となる。

④　この仮想的な細胞に蛋白質分子であるカリウム・チャネルを挿入する。このチャネルはカリウム・イオンを透過させるが、塩化物イオンは通り抜けることができない。

⑤　カリウム・イオンおよび塩化物イオンの濃度（つまり分子の数）は外液の方が内液よりも薄いため、両方のイオンに内部から外部へ流れ出そうという力が働く。つまり、非平衡状態であるので拡散によって平衡状態になろうとする。しかし、カリウム・イオンしかこの穴を通ることはできないため、カリウム・イオンのみが通過して外部に拡散していく。

⑥　カリウム・イオンは陽イオンであり、塩化物イオンは陰イオンであり、必ずペアとして溶液中に存在しなければエネルギー的に不安定な状態になる。塩化物イオンは穴を通り抜けることができないため、膜内部に残される。カリウム・イオンは塩化物イオンとペアにならなければならないため、内部へ引き戻そうとする電気的な力が働く。

⑦　拡散の化学的な力とイオン・ペアを組むための電気的な力がつりあったところで平衡状態に達する。この状態が細胞の静止電位。

(12) 拡散から秩序を作り出す――反応拡散系

□ 反応拡散系

1952年に**チューリング**が「形態形成の化学的基盤」という論文において提案した、拡散を基盤として秩序が形成される系。数学的に偏微分方程式で与えられる。

□ 反応拡散系のメカニズム

①　細胞が形態形成に関する２種類の物質を外部に放出していると仮定する。

②　２種類のうち、Ａ分子は、ゆっくりと外部へ拡散。Ａを受容した細胞に対してＡを更に生産させるように働く。

③　一方、Ｂはもっと素早く拡散し、Ａの生産を阻害するように働く。

④　このような拡散と反応の繰り返しが続くと、特定の場所ではＡ濃度が高くなり、また別の特定の場所ではＢ濃度が高くなる。その濃度分布に従って、細胞は分化すると考える。

［コラム４］自分の興味と研究室配属

生物学に限らず、どの学問分野を学習する場合でも、その面白さがわかるようになることは素晴らしいことです。学問であれ学問以外であれ、どの分野にも面白さがあります。どの分野を学ぶ場合でも、その面白さを感じることができれば、人生も豊かになります。

ところで、現代生物学は、かなり幅広い領域にわたっています。理学部生物専攻の学生さんは、４年次に履修する卒業研究のため、配属される研究室を決めなければなりません。多くの学生さんが「私は○○分野に興味があるので」という理由で（あるいは、もっと頻繁には、「私は○○分野には興味がないので」という消去法的理由で）、研究室を選びます。

そのような観点から研究室を選択すること自体には問題はないのですが、自分の興味関心をあまり最初から限定してしまうことが必ずしもよい結果に結びつくとは限りません。研究室選びは、研究内容はもとより、教員との相性やラボの雰囲気など、様々な点を考慮して総合的に行なうべきでしょう。希望の研究室に配属されたはずなのに、「こんなはずじゃなかった」ということで、研究室を変えようとする学生さんもみられます。一方では、何らかの理由で希望した研究室に配属できなかった場合、かなり悲観的になる学生さんもいます。

話は変わりますが、アメリカの多くの大学では、学部での卒業研究に配属された研究室と同一の研究室に大学院生として進学することはできません。特に条文になっているわけではないようですが、それが常識として成り立っている社会なのです。東京大学でもそのような配慮がなされていると聞いたことがあります。それがよい研究者を育むための重要なポリシーであることが認識されているためです。研究者の流通が、アメリカの科学を支えているのです。

少なくとも大学院からは、かなり狭い分野に研究が絞り込まれます。別分野を悠長に研究している時間はありません。ですから、学部時代にこそ、別分野での経験を育む必要があり、その経験が後日生きてくることを誰もが認めているわけです。

学部学生の研究室配属の話に戻りましょう。研究は、もちろん、自分の興味に近いものに越したことはありませんが、卒業研究の目的は研究の「作法」を学ぶのだと割り切れば、どの研究室に配属されても、学ぶべきことは大きいはずです。第一希望の研究室に行けなくても、あまり悲観的になる必要はありません。むしろ、それがチャンスかもしれません。あまり興味のなかったはずの分野が、大変面白くなる場合も頻繁にあるのです。人生を豊かにおくれる人は、自分に与えられた逆境をもチャンスに変えていく人なのですから。

［コラム5］研究の作法とは

だれでも最初から研究とはどんなものか分かっている人はいません。学部4年次に研究室に配属され、これから実験を始めるとなると、色々な不安もあるでしょう。でも、実際にやってみると、実は研究はそれほど難しいものではありません。

研究室に入ったばかりのときは、あまり研究の全体像が見えないでしょうから、教員に言われるがままに何かをやってみることが必要です。

このとき、プロジェクトを与えられても、座って本や論文ばかりを読んで一向に実験を始めない人がいます。このような態度は決して推奨されません。頭ばかり動かしていても、実験は決して進みません。半端な理解でもよいから、とにかく何かを始め、実験しながら頭も連動させていくことが必須です。

一方、実験自体は好きで、手はよく動くのだけれども中身がまったく伴ってこない人もいます。素晴らしいデータを出しているのに、その素晴らしさが理解できていない人は多いものです。このような人はもう少し頭を鍛えていく必要があります。

このように、実験能力（手）と論理能力（頭）を同時に持つことは、あまり容易なことではないようです。どちらにも優れている必要はありませんが、とりあえずどちらかに強くなれば、もう片方は徐々に補うように努力すればよいのです。逆に言えば、どちらか一方だけでも長けていれば、とりあえずは研究室で優秀な学生として認知されることになるでしょう。

もう一つ重要なのが、コミュニケーション能力（口）です。中には手も頭もあまり動かないのに、口だけは達者である人がいます。私は、手、頭、口のどれかに長けていれば、将来の見込みはかなりあると思っています。

私の研究室では、卒業研究が合格点か否かは、研究において好ましいデータが得られたかどうかではなく、データをとるための実験の意義をいかに深く理解して実行したかという点で判断します。データが得られなくても、ちゃんと理解して実験していれば合格に値しますし、データが得られていても、何も考えずに単に言われたことを実行しただけでは、合格点をあげるべきかどうか、かなり疑問です。

もちろん、研究の最初の段階では、右も左もわからない状態ですから、言われるままにやることも必要でしょう。しかし、いつまでもそうでは困ります。言われたことをやるだけなら中学生にでもできます。自分で考え、教員が考えている以上のことを考えて研究を進めていく必要があります。これが「研究の作法」のエッセンスのひとつです。

昔は、研究室構成員は家族のようなものでした。学生が研究室に入るということは、大学においてパーソナルな居場所を与えられるということですから、それはポジティブに捉えられたものです。本物の家族すら崩壊するような現代においては、教員にも学生にも、人材育成の場としての研究室の認識が薄らいでしまっています。

第3部
情報分子の働き

第6講

DNA→RNA→蛋白質
――分子情報の流れ

(1) 分子生物学と生化学の違い

□ 概念的相違点（分子生物学と生化学）

生化学は生物分子のモノとしての性質を化学的に捉える。分子生物学は分子中に秘められた情報に注目する。たとえば、DNAの化学的性質の分析自体は生化学で、DNAの遺伝情報を読み取ることは分子生物学。

□ 実験手法の相違点（分子生物学と生化学）

生化学は生体試料をたくさん集めてきて特定の分子の性質を化学的に検討する。分子生物学は、遺伝子工学を用いて分子を生産・加工することでその分子の性質を検討する。

(2) DNAの構造 (詳細は第３講を参照)

□ 染色体

細胞分裂のときにDNAを娘細胞に均等に分配するために、顕微鏡で観察できるほど大きな構造体となっているDNAのこと。真核生物では、基本的にはひとつの細胞はひとつの核を持つ。核内には染色体があり、「染色体の上に遺伝子が乗っている」と表現される。１個の染色体は連続した長い１本のDNA。

□ 遺伝物質

遺伝情報が書き込まれている物質。すべての細胞は遺伝物質にDNA（デオキシリボ核酸）を使用。一部のウイルスは遺伝物質にRNA（リボ核酸）を使用。

□ DNAポリメラーゼ(DNA複製酵素)【重要】

もとのDNA分子とまったく同じ配列を持った子の分子を忠実につくることができる酵素。この酵素の機能のため、子孫へ同じ遺伝情報を継承させることができる。二重らせん構造が解かれ、相補的な塩基を結合させていくことで、２本の分子をつくり上げる。このような複製のメカニズムを**半保存的複製**と呼ぶ。

(3) 蛋白質の構造と機能 (詳細は第8講を参照)

□ 蛋白質【重要】

すべての生物において生命活動の第一線で活躍する分子（化学反応を触媒する分子)。これらの蛋白質をつくるための情報がDNAの遺伝情報。

□ アミノ酸配列

蛋白質の構成単位であるアミノ酸の配列。蛋白質はアミノ酸が直線状に鎖のようにつながったポリマーで、蛋白質を構成するアミノ酸は20種類。それぞれのアミノ酸にはそれぞれ独自の性質があるため、アミノ酸配列によって蛋白質の性質が決まる。

(4) 遺伝情報はDNA→RNA→蛋白質として発現される

□ 転写【重要】

DNAの塩基配列が**mRNA(メッセンジャーRNA)**に写し取られること。

□ RNAポリメラーゼ【重要】

DNA配列を写し取り、RNAを合成する酵素。RNA合成酵素。転写のための酵素。解かれた二重らせん構造のうちの片方のDNAの鎖の情報を鋳型として、RNAを生産する。転写開始部位は翻訳開始部位とは異なることに注意。

□ 遺伝情報

DNAの配列として与えられる、蛋白質分子をつくるための情報。遺伝情報は

DNAの長い鎖の中の塩基の配列として書かれている。

□ **リボソーム**

細胞質に存在する、蛋白質合成の場所。蛋白質と **rRNA(リボソームRNA)** の巨大な複合体。多くの場合、小胞体と結合している。

□ **tRNA(トランスファーRNA)**

翻訳に必須の小型のRNA。その端にアミノ酸を1個持つ。tRNAの別の部分にはコドンを読み取るための**アンチコドン**がある。tRNAのアンチコドンはmRNAのコドンとリボソーム上で塩基対を形成する。

□ **翻訳【重要】**

転写産物であるmRNAの情報が読み取られて蛋白質が合成される過程。真核生物の場合、核内でつくられたmRNAは核を出て、リボソーム上に移動する。mRNAがリボソーム上に配置されると、mRNAのコドン（塩基の三つ組）の情報を元にtRNAがアミノ酸を運んで来て、アミノ酸は順次ペプチド結合でつなぎ合わせられる。

□ **遺伝暗号【重要】**

DNAを構成する4種類の塩基のうち、塩基の三つ組（**トリプレット**）で構成される、アミノ酸配列を指定する暗号。三つ組の暗号単位を**コドン**と呼ぶ。たとえば、遺伝子の配列がATGGTTCTACGCの場合、ATGはメチオニン、GTTはバリン、CTAはロイシン、CGCはアルギニンと決まっており、メチオニン・バリン・ロイシン・アルギニンという蛋白質の鎖がつくられる。

□ **開始コドン**

蛋白質合成（翻訳）を開始させるためのコドン。常にATG（mRNAではAUG）で、メチオニンを指定する。すべての蛋白質は、少なくとも合成されたばかりの時点では、メチオニンをN末端に持つ。

□ **終止コドン**

蛋白質合成(翻訳)を終止させるためのコドン。UAA、UAG、UGAの3種類。

(5) ミーシャーによる核酸の発見

□ ヌクレイン

1869年、ミーシャーによって死んだ白血球から単離された核内物質。酸性で燐原子の多い非常に大きな分子から成る化学物質として発見された。後に核酸と命名される。20世紀の始まりまでには、核酸が、糖、燐酸、そして塩基から構成されることもわかっていた。しかし、その機能については不明だった。

□ テトラヌクレオチド仮説

DNAは4種類の塩基から構成されており、これら4種類の単純な反復配列を持った重合体（ポリマー）であるという仮説。テトラとは4を意味する。この仮説は、DNAは蛋白質の活動のための足場を与える構造体に過ぎないという誤解を当時の人びとに与えた。

(6) アベリーの先駆的研究

□ 細菌の単離【重要】

細菌学の基本的な方法論は、細菌の単離。以下の方法で細菌の単離を行なう。

① 栄養分を含む寒天をペトリ皿（透明なプラスチックでできた円形の皿。シャーレとも呼ぶ）の中に入れて固め、固形培地をつくる。

② 固形培地の寒天の表面に細菌の入った液体を塗りつけると、液体は寒天に染み込んでいく。ただし、細菌自体は寒天の表面に付着し、寒天内部へは侵入できない。

③ 上記の寒天を一晩温めておくと、寒天表面で細菌が分裂し増殖する。このとき、分裂した細胞は流れていくことなくその場に留まるため、だんだんと大きな細菌の塊を作っていく。

④ 細菌の塊は、ついには目ではっきり見えるくらいの大きさにまで成長する。これが**コロニー**。コロニーは一個の細菌から生まれた遺伝的に同一の細胞、つまり**クローン**から形成されている。

□ 肺炎双球菌のコロニー形態

円形のコロニー（S型）とギザギザしたコロニー（R型）。つまり、形が異なる二種類の株がある。マウスに注射すると、S型菌は毒性を示し、マウスは死に至る。一方、R型菌にはそのような毒性はない。また、S型菌を熱変性させて死菌化してしまえば、マウスに注射しても毒性は示さない。ところが、S型菌を熱変性させたものをR型菌に混ぜてマウスに注射すると毒性を示す。

□ 肺炎双球菌の形質転換実験【重要】

DNAが遺伝物質であることを示すために**アベリー**が行なった実験。熱処理したS型の死菌とR型の生菌を混ぜると、低い確率でR型菌にS型菌のようなコロニーの性質を持たせることができることを示した実験。この**形質転換（トランスフォーメーション）**によってR型菌がS型菌の性質（コロニーの形状と毒性）を遺伝的に獲得したことになる。つまり、R型菌はS型菌の遺伝物質を獲得した。

□ 肺炎双球菌の遺伝物質の同定実験

S型菌の構成物を生化学的に核酸、蛋白質、糖質に分け、それぞれをR型菌と混ぜた結果、核酸抽出物のみに、形質転換を起こさせる性質があることを示した実験。形質転換実験と同様、アベリーによって行なわれ、1944年に発表された。

(7) ハーシーとチェイスの実験

□ 大腸菌

人間の大腸の生息する細菌。学名は *Escherichia coli* で、しばしば *E. coli* と略記される。基本的に無毒。分子生物学の基本的モデル生物およびツールとして用いられる。現在では、さまざまな分子生物学的な用途に合うように、さまざまな系統が開発されている。

□ バクテリオファージ

大腸菌に感染するウイルス。単にファージとも呼ぶ。外被蛋白質とその中のDNAから構成される。感染時にファージは自分のDNAを大腸菌の中に注入する。そして、大腸菌の中でファージは複製し、大腸菌を破壊して新しくできたファージが外部へと広がる。

□ ブレンダー実験

大腸菌に取り付いたファージの外被蛋白質を大腸菌からはずす方法として、台所用ブレンダーを用いた歴史的実験。ファージのDNAが大腸菌内に取り込まれてさえいれば、ファージの蛋白質はDNAの複製自体や子孫の形質には何の影響も与えないことが判明した。つまり、ファージのDNAが遺伝物質であることを証明。実験者の名から**ハーシーとチェイスの実験**とも呼ばれる。

(8) シャルガフ則と二重らせん構造の発見

□ シャルガフ則

どの生物種においても、DNAに含まれるAとTの割合およびGとCの割合は常に等しいという一般法則。**シャルガフ**によって発見された。しかし、それが何を意味しているのかは不明のままだった。

□ 二重らせん構造の提唱【重要】

ウィルキンズ研究室のフランクリンの写真を参考に、ワトソンとクリックがDNAの二重らせん構造の3次元モデルを組み立て、1953年、その結果を発表。塩基対形成によってシャルガフ則が説明できる。

(9) セントラル・ドグマの提唱

□ セントラル・ドグマ（中心教義）【重要】

クリックが提唱した、遺伝情報の読み取られ方に関する仮説。厳密には、**分子生物学のセントラル・ドグマ**と呼ばれる。「DNA→RNA→蛋白質という情報の流れ以外には生物において分子情報の流れはない」という言明。遺伝情報はこの逆には流れないことを意味する。

第7講　遺伝子発現制御——現代生物学のパラダイム

(1) 細胞の独自性と遺伝子発現調節

□ ゲノムの単一性と細胞の多様性

生体を構成する細胞は、少数の例外を除いて、まったく同じ遺伝子セット（ゲノム）を持つにもかかわらず、生体はさまざまな種類の細胞から構成されていること。

□ 遺伝子発現【重要】

遺伝子がmRNA、蛋白質として発現されること。遺伝子発現の調節は、細胞の多様性の起源と考えられる。持っている情報源（ゲノム）は同じでも、どの部分をどの程度読み出すかによってそれぞれの細胞は特殊なものになる。細胞の外見や機能の違いは「発現されている遺伝子の種類の違い」にあるとされる。

(2) オペロン説——遺伝子発現調節のパラダイム

□ ラクトース消費への切り替え

大腸菌をグルコースとラクトースを混ぜた培地で培養すると、大腸菌はグルコースだけを消費するが、グルコースが枯渇しラクトースのみになると、ラクトースを消費するようになること。遺伝子発現調節の代表例。環境の変化に応じて必要なときに必要な遺伝子を発現させ、別の遺伝子の発現を抑制する。これが**遺伝子スイッチ**の概念。

□ **オペロン**

同時に発現調節される転写単位。原核細胞では、1つのオペロンに数個の構造遺伝子が存在し、1本のmRNAとして転写される。特定の代謝に関連する遺伝子はゲノム上の同じ場所に存在するばかりでなく、それらの発現調節を行なう部分が存在する。

□ **オペロン説**

オペロンの存在を仮定した、遺伝子発現調節に関する学説。1961年、**ジャコブとモノー**によって提唱された。発表当時は「説」であったが、現在ではその正しさが証明されている。

□ **構造遺伝子**

DNA配列のうち、形質に関係する酵素などの蛋白質をコードする部分。

□ **調節遺伝子**

DNA配列のうち、構造遺伝子のスイッチとして働く部位およびそのスイッチ部位に結合して構造遺伝子の発現を調節する蛋白質をコードする部分。リプレッサーと呼ばれる蛋白質は調節遺伝子の産物とされる。リプレッサーが、構造遺伝子の「スイッチ部位」に結合することで、RNAポリメラーゼ による転写が物理的に阻害される。

□ **プロモーター配列【重要】**

RNAポリメラーゼが認識して転写を開始するDNA結合部位。RNAポリメラーゼはDNAのプロモーター配列を特異的に認識して結合する。

□ **オペレーター配列【重要】**

一般的なオペロンにおいて、プロモーターと構造遺伝子の間に存在し、**リプレッサー蛋白質**が結合するDNA配列。リプレッサー蛋白質がオペレーター配列に結合すると、物理的な障害のため、RNAポリメラーゼはプロモーター配列に結合することができなくなる。これが、遺伝子がオフの状態。ここで調節されている遺伝子群（転写単位）を総体として**オペロン**と呼ぶ。

(3) ラクトース・オペロンのしくみ

□ ラクトース・オペロンの構造遺伝子

z 遺伝子、*y* 遺伝子、*a* 遺伝子と呼ばれている遺伝子。この順序で並ぶ。それぞれβ-ガラクトシダーゼ、パーミアーゼ、アセチラーゼをコードしている。ひとまとめのmRNAとして転写される。β-ガラクトシダーゼはラクトースをガラクトースに分解する酵素で、ラクトース代謝に必須。他の2つの遺伝子も、ラクトース代謝に関連している。

□ ラクトース・オペロンの調節遺伝子

リプレッサー蛋白質をコードしている *i* 遺伝子。リプレッサー蛋白質は、構造遺伝子群のすぐ上流部分のDNA配列（オペレーター配列）に特異的に結合する。

□ CAP結合部位

プロモーターの上流に存在する、cAMP結合部位を持つ**CAP（キャップ）蛋白質**が結合するDNA配列。このCAP蛋白質は**転写活性化因子**で、リプレッサーの反対の機能を持つ。つまり、CAP蛋白質はRNAポリメラーゼの活性を補助する。

□ グルコースが存在するとき【重要】

グルコースが培養液中に豊富にある環境では、オペレーター部位にリプレッサーが結合した状態。この状態では、RNAポリメラーゼはプロモーターに結合できないため、転写は起こらない。また、この状態では、CAP蛋白質もその結合部位には結合していない。

□ ラクトースのみが存在するとき【重要】

グルコースがない状態では、グルコース欠如のシグナルとして細胞内のcAMP濃度が高まる。生産されたcAMPはCAP蛋白質に結合。CAP蛋白質は、cAMPが結合するとその立体構造を変化させ、ラクトース・オペロンのCAP結合部位に結合する。これによって、RNAポリメラーゼの転写が促進される状態になる。一方、ラクトースは細胞内でアロラクトースに変換され、アロラクトースがリプレッサーに結合。すると、リプレッサーは立体構造変化を起こし、オペレーター部位から解離する。その結果、RNAポリメラーゼがラクトース代謝の構造遺伝子群を転写する。

(4) 大腸菌とファージ

□ λファージ

大腸菌に感染するウイルスの一種。λファージは、大腸菌の表面に偶然にたどり着くと、そのDNAを大腸菌に注入する。DNAを包んでいた蛋白質の殻(外被蛋白質)は大腸菌の内部には入らない。その後、大腸菌内の分子環境次第で**溶菌サイクル**あるいは**溶原サイクル**のどちらか一方の生活環に入る。

□ 溶菌サイクル

感染後、大腸菌内で100個ほどの新しいファージがつくられ、外部に放出されるλファージの生活環。λファージのDNAが複製され、λの蛋白質も多くつくられる。その後、DNAは蛋白質に包まれ、大腸菌内はファージで一杯になる。大腸菌は溶菌される。

□ 溶原サイクル

感染後、注入されたλDNAが大腸菌DNAの特定の部位と**部位特異的DNA組換え**を起こし、大腸菌DNA内に挿入されるλファージの生活環。大腸菌には自分のDNAとλDNAとの区別がつがず、細胞分裂の際にはλDNAも含めてすべてのDNAを複製する。

□ 溶菌・溶原サイクルの決定【重要】

感染後、λファージが溶菌サイクルと溶原サイクルのどちらが生存に有利かを「判断」すること。細菌の生きがよい場合(代謝が活発な場合)、溶菌サイクルになる。そうでない場合は、溶菌サイクルでは大腸菌内でのλファージの生産数が少なくなるので、溶原サイクルになる。しかし、一方では、大腸菌が紫外線照射などのストレスにさらされると、ファージは大腸菌存命の危機を「感じ取って」、溶菌サイクルに切り替える。

(5) λファージのオペロンの構造

□ λリプレッサー蛋白質

λファージが大腸菌内で溶原性を維持するための発現抑制蛋白質。溶原λファージは、λリプレッサー遺伝子*cI*のみを発現している。λリプレッサーは、溶原サイクルに入る一連の遺伝子発現を抑制しているDNA結合蛋白質。

□ Cro(クロ)蛋白質

λファージの大腸菌内での溶原性を解除するための発現抑制蛋白質。λリプレッサー蛋白質と機能的に対峙しているDNA結合蛋白質。

□ λファージの溶原・溶菌オペロン

λファージの溶原性の維持あるいは解除を決定するオペロン。オペレーター配列は3個の部位に分かれており、近接したO_R1、O_R2、O_R3から構成されている。2種類のプロモーター配列（右側方向への*cro*遺伝子のプロモーターと左側方向へのリプレッサー遺伝子のプロモーター）は近接しており、オペレーター部位に覆いかぶさる形で存在する。右のプロモーターにRNAポリメラーゼが結合して転写が開始されるとCro蛋白質がつくられ、溶菌サイクルが始まる。一方、左側のプロモーターにRNAポリメラーゼが結合して転写が開始されると、*cI*遺伝子からλリプレッサー蛋白質がつくられ、溶原サイクルになる。この2つのプロモーターが同時に活性化してCro蛋白質とλリプレッサー蛋白質が同時にできてしまうことはない。

(6) リプレッサー蛋白質とCro蛋白質の発現調節

□ λリプレッサーのオペレーターへの結合過程

リプレッサー蛋白質がつくられると、二量体として一番右のオペレーターに結合する。すると、右方向のプロモーター部位の一部が物理的に覆われてしまい、RNAポリメラーゼが右側のプロモーターに結合することは不可能になる。一方、左側のプロモーター配列にはRNAポリメラーゼが結合できる状態となっており、リプレッサー遺伝子（*cI*遺伝子）から蛋白質がつくられる。さらに、合成されたリプレッサー蛋白質は、第二のオペレーターにも協調的に結合することにより、右側のプロモーターの阻害はより確実になる。

□ Cro蛋白質のオペレーターへの結合過程

Cro蛋白質が存在するときは、Cro蛋白質は二量体として一番左側のオペレーターに結合する。すると、左側へのRNAポリメラーゼの結合は物理的に不可能になる。しかし、右側のプロモーターへのRNAポリメラーゼの結合は可能であり、*cro*遺伝子の転写が更新される。こうして、細胞内のCro蛋白質の濃度が上がると、合成されたCro蛋白質は真ん中、さらには、右側のプロモーターに結合し、自己の転写を抑制する。

(7) 真核生物の転写調節

□ 転写因子

RNAポリメラーゼの活性を補助する蛋白質。真核細胞の場合、RNAポリメラーゼは自分自身だけでは転写を開始することはできない。転写の開始には転写因子と呼ばれる一群の蛋白質が必要。

□ 一遺伝子一mRNA

真核生物では、１つの遺伝子は１つのmRNAに転写される。多数の遺伝子が１つのmRNAとしてまとめて転写されることはほとんどない。つまり、真核生物のゲノムにおいてオペロンは存在しない。

□ イントロン【重要】

真核生物のゲノムに存在する、蛋白質をコードしないがmRNAに転写されるDNA配列。蛋白質をコードしている部分を**エキソン**と呼ぶ。

□ スプライシング【重要】

真核生物の場合、RNAポリメラーゼはエキソンだけでなく、イントロンも含めて転写するが、その後に適切な場所でイントロンを切り出してエキソンのみをつなぎ合わせること。RNAスプライシングとも呼ぶ。

□ ジャンクDNA

真核生物のゲノムにおいて、遺伝子と遺伝子の間に存在する、機能不明の膨大なDNA領域。

□ エンハンサー

真核生物において、調節される遺伝子からかなり離れた場所に存在する、転写を活性化するDNA領域。転写因子の結合配列。同様に転写を不活性化する配列を**サイレンサー**と呼ぶ。

□ RNA干渉（RNAi）

小さな二重鎖RNA分子(siRNA・miRNA)によるmRNAレベルの発現抑制。これらのRNAがmRNAと相補鎖を形成すると、そのmRNAは分解酵素の基質となり、速やかに分解される。

(8) 光受容体遺伝子の発現調節

□ 桿体細胞と錐体細胞

眼の中の網膜における光受容細胞。桿体細胞は明暗、錐体細胞は色彩の認知に関わる。

□ オプシン

光受容細胞に存在する光受容体分子。G蛋白質共役受容体。リガンドとして、**レチナール**を持つ。桿体細胞には1種類のオプシンが存在。個々の錐体細胞には3種類のオプシン――ブルー・ピグメント、グリーン・ピグメント、レッド・ピグメント――のうち1種類のみが発現されている。

□ グリーン、レッド、ブルーの染色体上の関係

ヒトのグリーン・ピグメントとレッド・ピグメントは染色体上で隣り合わせに存在し、遺伝子配列も極めて類似。グリーンとレッドは3 kb ほど上流に存在する **LCR**(locus control region)から転写活性の調節を受けている。ブルー・ピグメントはまったく異なった染色体上に存在し、このLCRによる調節は受けていない。

□ 光受容体の発現調節のモデル

グリーンかレッドかの発現調節モデル。LCRがレッドのプロモーター配列に作用するときには、その間に横たわる長いDNAをループとして突き出す。つまり、LCRとプロモーター配列が物理的に隣接したときにはじめてレッドが転写される。ところが、グリーンはレッドの下流に存在するため、ループの長さが少し長くなるとレッドはループの一部としてはみ出した状態になる。そして、LCRとグリーンの（レッドではなく）プロモーター配列が物理的に隣接すると、グリーンが発現される。レッドとグリーンのどちらを発現するか（つまり、どれくらいの長さのループが形成されるか）はランダムであるとされて

いる。

(9) 匂い受容体遺伝子の発現制御

□ 匂い受容体

鼻の中の嗅神経細胞に発現されている膜蛋白質。G蛋白質共役受容体。マウスなどの哺乳類では、ゲノムあたり約1000種類ほど存在する。生物界最大の遺伝子ファミリーを構成している。

□ 一細胞一受容体

哺乳類では、１つの嗅神経細胞は１種類の匂い受容体だけを発現していること。匂い受容体遺伝子がちょうど1000種類ゲノムに存在するとしたら、１つの嗅神経細胞では、そのうちの１個の遺伝子のみが発現され、残りの999個の遺伝子の発現は抑制されている。1000種類の匂い受容体遺伝子はさまざまな染色体のさまざまな場所に散在している。光受容細胞でもこのルールが成り立つ。

□ 対立遺伝子排除（対立遺伝子阻害）

細胞内の１対（２個）の対立遺伝子のうち、片方しか発現されていないこと。嗅神経細胞の匂い受容体遺伝子発現においては対立遺伝子排除が成り立つ。結果として、嗅神経細胞は、1000種類の遺伝子から１種類を選び出して発現しているのではなく、対立遺伝子を含めて2000種類から１種類を選び出して発現していると解釈できる。

［コラム６］生物学の研究と生物観

生物学というと、どのような分野を思い浮かべるでしょうか。現代生物学は多岐におよび、実際に生物に触れる生物学は少なくなっています。化学物質として分子ばかりを対象としている研究やパソコンとばかり向き合っている研究も稀ではありません。

それはそれで大変面白い研究で、有意義ではありますが、そのような生物学だけでは、適切な生物観を育むことはできないでしょう。実際に生き物と触れる体験が、適切な生物観、自然観、社会観を育むためには必要だと思います。

第8講　蛋白質の構造と活性の制御

(1) 蛋白質は生命のマジック・マシーン

□ 蛋白質の動的機能

さまざまな生命現象を動的に駆動するのは蛋白質であるということ。一方、DNAはあくまでも静的な存在として情報を提供するのみ。化学反応を触媒するのが酵素という蛋白質であることからわかるように、生物内での分子レベルの動きは、蛋白質を中心に行われている。水を除けば、細胞重量のほとんどは蛋白質。

□ 蛋白質の機能を構造から観る考え方

蛋白質の多彩な機能の源泉は、蛋白質の構造にあるという考え方。蛋白質の構造を研究することで、動的で多彩な蛋白質の機能についての真理が得られると考える。構造と機能の関わり方を研究することが、蛋白質科学のパラダイムとなっている。

(2) 蛋白質の構成単位としてのアミノ酸

□ 生体蛋白質を構成するアミノ酸

20種類。それぞれに３文字表記の略号と、１文字表記の略号がある。これらのアミノ酸はその化学的性質によっていくつかに分類できる。

〈極性のないアミノ酸10種類〉

□ 極性のない単純アミノ酸

極性のない単純な炭化水素の側鎖を持っているアミノ酸として、**グリシン(－H：Gly, G)**、**アラニン(－CH_3：Ala, A)**、**バリン(Val, V)**、**ロイシン(Leu, L)**、**イソロイシン(Ile, I)**の５種類。炭化水素には極性がないため、水や極性分子とは反発しあい、疎水性物質の間で疎水相互作用が起こる。

□ 極性のないイミノ酸

上記と同様に極性のない炭化水素を側鎖として持つアミノ酸に、**プロリン(Pro, P)**がある。プロリンは３つの炭素からなる炭化水素側鎖を持つが、その最後の炭素はアミノ基の窒素原子と結合し、環状となっている。プロリンはその特殊な構造のため、蛋白質の鎖の中にしばしば折れ曲がりを生じさせる。厳密な化学的な意味ではこれは「アミノ酸」ではなく、「イミノ酸」と呼ばれる。

□ 極性がなく、芳香族炭化水素を含むアミノ酸

フェニルアラニン(Phe, F)と**トリプトファン(Trp, W)**。フェニルアラニンはアラニンにフェニル基がついたもの。トリプトファンはインドール環を持っている唯一のアミノ酸。これら２種類のアミノ酸は非常に疎水性が高い。

□ 極性がなく、硫黄原子を含むアミノ酸【重要】

メチオニン(Met, M)と**システイン(Cys, C)**。両者とも、硫黄原子を含む。メチオニンは翻訳開始に使用される。システインは細胞外では**S-S結合(ジスルフィド結合)**を形成することができるため、細胞外蛋白質や膜蛋白質の細胞外部の立体構造形成に大きな影響を与える。

〈極性・イオン性を持つアミノ酸10種類〉

□ 極性（水酸基）を持つアミノ酸【重要】

イオン性は持たないけれども極性を持つアミノ酸として、**セリン(Ser, S)**、**スレオニン(トレオニン)(Thr, T)**、**チロシン(Tyr, Y)**がある。これらのアミノ酸は**水酸基（－OH）**を持ち、この水酸基が極性を示す。これらの水酸基は蛋白質の燐酸化の標的となるため、蛋白質の活性調節に重要。

□ 極性（アミド基）を持つアミノ酸

イオン性は持たないけれども極性を持つアミノ酸として、**アスパラギン（Asn, N）**と**グルタミン（Gln, Q）**がある。この２種類は側鎖の末端にアミノ基に似た官能基**アミド基（－CO－NH_2）**を持っており、これが極性を示す。この窒素原子はアミノ基のものとは異なり、pH7でも水素イオンが付加されない状態で存在。

□ 酸性アミノ酸

酸性のアミノ酸として、**アスパラギン酸（Asp, D）**と**グルタミン酸（Glu, E）**がある。この両者は、上述のアスパラギンおよびグルタミンのアミド基が**カルボキシル基（－CO－OH）**に置き換えられたもの。カルボキシル基はpH7の状態では水素イオンを放出し、酸性を示す。

□ 塩基性アミノ酸

塩基性のものに、**リシン（リジン）（Lys, K）**、**アルギニン（Arg, R）**、**ヒスチジン（His, H）**がある。リシンは側鎖の末端にアミノ基を持つので塩基性で、これは他のアミノ基と同様に、pH7では水素イオンを受け取って正電荷を持つ。アルギニンは３個も窒素原子を持ち、そのうちの末端の窒素原子のうちいずれかが塩基性を示す。ヒスチジンは環状構造の中に２個の窒素原子を持つが、そのうちの１個がわずかに塩基性を示す。ヒスチジンはしばしば酵素の活性部位などに配置される。

(3) 蛋白質の形とアミノ酸配列

□ ペプチド結合【重要】

アミノ酸同士の脱水縮合による結合。蛋白質においてアミノ酸同士を結合させている－CO－NH－という結合。ペプチド結合は平面構造をしており、この結合に関しては回転することができない。一方、他の部分は自由に回転することができるため、理論的には、蛋白質分子はありとあらゆる形をとることが可能となる。ただし、実際には、アミノ酸の配列が決まれば、それらのアミノ酸の間でさまざまな非共有結合が形成され、全体として安定な構造をとる。

□ **折り畳み**

長いひも状の分子である蛋白質の鎖が非共有結合によって特定の立体構造へ折り畳まれること。基本的には自発的に起こる（ΔG が負の値をとる）過程。

□ **折り畳み実験【重要】**

蛋白質のアミノ酸配列が決まれば、「自然に」あるいは「自発的に」その折り畳みも決まることの根拠となった実験。**アンフィンセン**は**RNA分解酵素(リボヌクレアーゼ、RNase)**を変性させたあとに再度活性を取り戻させることに成功。これは、蛋白質分子のアミノ酸配列さえ決まれば、その立体構造は自然に決定されることの証拠と解釈される。ただし、現実問題としては、アミノ酸配列からの立体構造の完全な予測は困難。現在はスーパーコンピュータを用いることである程度は予測可能だが、立体構造は実験的に決定されなければならない。

□ **分子シャペロン**

細胞内で蛋白質の折り畳み過程を補助する分子。シャペロンあるいはシャペロニンとも呼ばれる。もし折り畳みが不適切であれば、その蛋白質は分解経路へと向かう。分子シャペロンは**熱ショック蛋白質**あるいは**ストレス蛋白質**と呼ばれるものの一群。

(4) αヘリックスとβストランド

□ **X線結晶解析**

結晶化させた蛋白質にX線を照射し、その回折像を解析することで、蛋白質の３次元構造を再構築する解析法。このようなX線回折によって、現在では、多くの蛋白質の立体構造の情報が蓄積されている。

□ **蛋白質の１次構造**

蛋白質を構成するアミノ酸配列のこと。最初に１次構造が決定された蛋白質はインスリン。

□ **蛋白質の2次構造**

蛋白質において、数個から数十個という短いアミノ酸の単位でつくられる構造。

□ **α(アルファ)ヘリックス【重要】**

蛋白質の２次構造のうち、ポリペプチドがらせん状になっている構造。

□ **β(ベータ)ストランド【重要】**

蛋白質の２次構造のうち、ポリペプチドが集合してシート状になっている構造。シートを構成する鎖自体はβストランドと呼ばれ、構造全体は**βシート**と呼ばれる。

□ **ドメイン**

２次構造の大きな集合体。いくつかのドメインの集合体として蛋白質の鎖が全体として構成される。蛋白質のそれぞれのドメインはある程度独立に機能することができる。

□ **蛋白質の3次構造**

蛋白質の１本の鎖の立体構造全体のこと。

□ **蛋白質の4次構造**

鎖が何本か集合した状態で蛋白質が機能する場合、すべての鎖の集合体の立体構造のこと。それぞれの1本ずつを**サブユニット**と呼び、１本だけの場合を単量体、２本の集合体であれば二量体、３本の集合体なら三量体、４本の集合体なら四量体と呼ぶ。アミノ酸というモノマー（単量体）から蛋白質というポリマー（重合体）が構成されるという意味で用いられる場合と混同しないこと。

□ **モチーフ**

ドメインを構成する２次構造の組み合わせ。ドメインより小さな単位。特定の２次構造の組み合わせ。たとえば、β-α-βモチーフでは、βストランド→αヘリックス→βストランドという順序で構成されており、それらがコンパクトにまとまっている。このようなモチーフがいくつか集まってドメインを形成する。

□ **モジュール**

連続したアミノ酸がつくるコンパクトな構造単位。ドメインよりも小さく、２次構造よりも大きな単位。モチーフの類語。モジュールととモチーフの一般的な区別は必ずしも明確ではないが、モジュールという言葉は、真核生物の遺伝子のエキソンに対応する蛋白質の一部を指す言葉として用いられてきた。

(5) 蛋白質の立体構造と機能

□ **変性**

蛋白質の立体構造が熱などによって破壊されること。立体構造を維持している力が非共有結合（エネルギーレベルの低い、比較的弱い結合）であるため、蛋白質は基本的に熱をはじめとした激しい化学的条件に弱い。

□ **基質特異性【重要】**

酵素（蛋白質の代表的存在）が特定の基質の化学反応だけを触媒すること。酵素の活性は、基質が活性部位という結合ポケットにはまり込むことで遂行される。

□ **鍵と鍵穴説【重要】**

基質と酵素の関係（基質特異性）を鍵と鍵穴のアナロジーで説明する説。1894年にフィッシャーによって提出されたモデル。特定の形をもった鍵（基質）のみが、特定の形の鍵穴（酵素）にはまり込むことができるとする。つまり、鍵穴は特定の鍵だけを受け付けるような立体構造を維持しておく必要がある。そして、鍵が鍵穴にぴったりと合わさったときに、鍵を回すことができる。これは酵素の触媒作用によって化学反応がうまくいったことに対応する。

□ **リボザイム**

触媒作用を持つRNA。触媒作用は、ほとんど蛋白質のみに限られた機能だが、例外的にはRNAも酵素として働く。真核生物のRNAスプライシングの際に切断と結合を触媒するのは蛋白質ではなく、RNAである場合がある。これは生命誕生当事のRNAワールドの存在を示唆する。

(6) 酵素の触媒活性の原理

□ 反応中間体による触媒活性

基質を一時的に特定の向きに固定し、基質単独では稀にしかとることのないような反応中間体の構造をとらせ、化学反応を起こす原子同士を接近させることで触媒活性を得ること。基質が酵素に固定されると、活性化エネルギーの山が小さくなるため、より効率のよい化学反応が進行する。

□ 酸塩基同時触媒

ペプチド結合の加水分解酵素の活性部位には酸性アミノ酸および塩基性アミノ酸が配置されており、酸性触媒作用および塩基性触媒作用を同時進行させること。ペプチド結合の加水分解を純粋に化学的な方法で行うには、基質を強酸か強塩基と混ぜ合わせればよいが、強酸と強塩基を同時に使用することはできない（激しい中和反応が起こるため）。

(7) ヘキソキナーゼの誘導適合

□ ヘキソキナーゼ

グルコースの水酸基にATPの末端の燐酸基を転移させる酵素。その結果、グルコース6燐酸が生成される。解糖系を構成する酵素の一種。

□ ヘキソキナーゼの立体構造変化

① グルコースがヘキソキナーゼの結合ポケットに結合。ヘキソキナーゼは二量体で、二枚貝の貝殻のような形をしている。単量体が対称に向かい合い、一部で接触しあって開いている状態。その接触場所近くにグルコースがはまり込む。

② グルコースの結合によって、蛋白質の立体構造の変化が誘導される。2つの貝殻は閉じるが、完全に密着するのではなく、多少の隙間ができる。

③ 変化した立体構造の状態では、結合部位のATPへの結合性が高まり、そこにATPがはまり込む。

④ 結合部位に位置する特異的なアミノ酸によってATPからグルコースへ燐酸基の移動がなされる。

⑤ 反応が終結すると、反応物の酵素への親和性は低くなるため、反応物

は解離していく。それとともに、ヘキソキナーゼの立体構造も元に戻る。

□ **適合誘導**

ヘキソキナーゼに代表されるように、第一の基質が酵素分子に結合することで第二の基質への結合能力がさらに高まる現象。基質による正のフィードバック制御の一種。鍵と鍵穴説を補う考え方としてコシュランドが1968年に提唱した。

(8) 蛋白質活性の調節法(1)――アロステリック制御

□ **アロステリック制御【重要】**

まったく別々の結合部位であっても、片方の結合部位への結合が、別の結合部位の親和性を変化させること。そのような蛋白質を**アロステリック蛋白質**と呼ぶ。

□ **アロステリック部位【重要】**

アロステリック酵素には、２箇所の結合部位がある。ひとつは基質に結合して触媒作用を発揮する活性部位。もうひとつは、基質以外の分子が結合して酵素の活性を調節する部位。この部位をアロステリック部位、そこに結合する分子を**アロステリック・エフェクター**と呼ぶ。アロステリック・エフェクターがアロステリック部位に結合することで、活性部位の基質への親和性が高まり、効率よく触媒作用を発揮することができる。

□ **負のフィードバック制御**

ある反応による生成物自体が、その生成反応を抑制するように働く自己調節機構。多くの酵素反応にみられる。

(9) 蛋白質活性の調節法(2)――燐酸化

□ **蛋白質燐酸化【重要】**

蛋白質のアミノ酸残基に燐酸基を共有結合させること。この燐酸基はATPから転移される。燐酸基の負電荷には蛋白質の立体構造を変化させる十分な力がある。燐酸基を結合させることができる相手としては水酸基が必要であるため、**セリン**、**スレオニン**、**チロシン**が燐酸化の対象。燐酸化という蛋白質活性の調節方法は、真核生物で幅広く用いられている。

□ **蛋白質キナーゼ(プロテイン・キナーゼ)【重要】**

他の蛋白質に燐酸基を転移させる酵素。蛋白質燐酸化による細胞内情報伝達経路を構成する重要な蛋白質。キナーゼとは、一般に、燐酸基転移酵素のこと。特定の基質蛋白質にはしばしば特定の蛋白質キナーゼが存在する。

□ **蛋白質フォスファターゼ(プロテイン・フォスファターゼ)**

特定の燐酸化蛋白質の燐酸基を取り除く蛋白質。フォスファターゼとは、一般に、脱燐酸化酵素のこと。細胞内では蛋白質キナーゼとペアで用いられる。蛋白質フォスファターゼは、蛋白質キナーゼによって活性化された蛋白質による情報伝達を中止させる働きを持つ。

(10) GTPの加水分解による蛋白質制御 (詳細は第9講を参照)

□ **GTP結合蛋白質 (G蛋白質)**

GTP (グアノシン三燐酸) の加水分解反応を活性の制御に使う蛋白質。G蛋白質は不活性状態においてGDP (グアノシン二燐酸) と結合している。このG蛋白質がある別の蛋白質と相互作用すると立体構造が変化し、GDPに対する親和性が下がり、GTPへの親和性が高まる。その結果、G蛋白質はGDPを放出し、その代わりにGTPが結合する。G蛋白質はGTP分解酵素活性を持っていて、GTPをGDPに分解することによって、不活性化状態に戻る。この分解過程は比較的ゆっくり進むため、分解されていない間だけ、G蛋白質の活性状態が続く。つまり、G蛋白質は自己の活性状態を自律的に調節している。

□ **小型G蛋白質**

細胞内情報伝達経路のメッセンジャーとして働く小さなG蛋白質。その代表が**ラス**。ラスは自律的に制御されているだけでなく、他の蛋白質によっても制御されている。ラス遺伝子は代表的な**原癌遺伝子(プロトオンコジーン)**。

□ **三量体G蛋白質**

ラスなどの小型G蛋白質とは機能が異なり、匂い受容体や光受容体が含まれるG蛋白質共役受容体の活性化に伴うシグナル伝達に関わるG蛋白質。細胞質側の細胞膜に、G蛋白質共役受容体に隣接する形で存在するGTP結合蛋白質。α、β、γの3つのサブユニットから構成されるヘテロ三量体。αサブユニットは定常状態ではGDPと結合している。リガンドが受容体に結合すると、GDPはαサブユニットから解離する。受容体・リガンド・G蛋白質の複合体の状態では、G蛋白質のαサブユニットはGTPへ高い親和性を示す。GTPがαサブユニットに結合すると、αサブユニットは$\beta\gamma$サブユニットから解離し、標的となる酵素を活性化する。GTPはαサブユニットによってGDPに分解され、元の状態に戻る。

（11）ユビキチン化と蛋白質の分解

□ プロテアソーム

すべての細胞に存在する蛋白質のゴミ箱。大きな蛋白質複合体。不要な蛋白質はこのゴミ箱に送られてアミノ酸の断片へと分解される。膜で囲まれているリソソームとは異なる。

□ ユビキチン

プロテアソームに不要な蛋白質を送り込むための、「ゴミ箱行き」というラベル分子。小さな蛋白質で、これが共有結合で他の蛋白質に結合すると、その蛋白質はプロテアソームにおける分解の対象となる。

［コラム7］生物学者は研究対象の生物に似る？

その真偽は明らかではありませんが、生物学者は研究対象の生物に似ると言われています。子どもが両親に似るのは当然ですが、ペットと飼主が互いに似ることと類似した現象です。ここで個々の事例を挙げるわけにはいきませんが（あの先生は何々の研究をしているので何々に似ているなど）、そう思って先生方を眺めてみれば、少しは親近感が沸いてくるかもしれません。

ただし、私の印象では、いわゆるモデル生物を用いて一般論を探求している方は、あまりそのモデル生物に似ることはないようです。あまり愛着がないためでしょうか……。

このような話は、決して科学ではありません。日常性を持つ面白い事象ですが、証明することはできませんし、その必要もありません。科学ではないということを認識したうえで、それを楽しむ心も必要でしょう。科学とは何かを考える機会にもなります。

私はチョウの研究をしていますが、私はチョウのように美しくはありません。けれども、似るのは外見ばかりではなく、そのエッセンスなのだと思います。なぜなら、研究者はそこに惹かれてそもそも研究しているのですから。チョウのエッセンスは、ドラマティックに変態するところでしょうか。

［コラム8］役に立たないことが役に立つ

多くの学生が、生物学を学習することは「役に立たない」と思い込んでいるのではないでしょうか。そして、そのことを勉強しない言いわけにしているのではないでしょうか。一方で、街頭募金でお金を集めることが世の中に役に立つと思っている人がいます。本当でしょうか。世の中はそれほど単純ではありません。

私は街頭募金の意義には以前から疑問でしたから、ほとんど募金したことはありませんが、かといって、何かしらそれを排除するような行動に出たこともありません。

ところが、世の中にはつわものがいるものです。

ある教授は、街頭募金を行なっている人たちに「なぜあなたはそのような活動を行なっているのですか」と問い詰めたそうです。「誰もががんばって働いたお金を寄付しているのだから、本当に募金が必要だと思ったら、あなたたちは街頭募金を止めるべきです。そんな時間があったら、アルバイトか何かして働いて、そのお金を寄付すればいいんじゃないですか」と。募金の人たちは活動を中止したそうです。

この教授は何と図太い神経の持ち主だろうと驚いてしまいます。募金者たちには募金者の都合があるでしょうから、一概には募金活動を否定することはできませんが、その教授の主張には筋が通っていることも確かです。募金するということは、自分のお金に対する責任を他人に任せてしまうことです。ある意味では責任の投売りにすぎません。ちゃんとした世の中は、ちゃんとした責任感を持った人によってはじめてつくられるのだとすれば、目的のわからない活動に募金することはナンセンスに思えてきます。募金活動で本当に潤っているのは誰なのか、知ることは容易ではありませんから。

生物学の話に戻りましょう。生物学は一見、まったく役に立たないように思えます。しかし、生物学は、この世界を読み解くための一つの視点を与えてくれることは確かです。そして、そのような論理的な考え方を身につければ、それは単なる生物学を越えて、その人の人生のナビゲーターとして機能してくるはずです。そのような人たちによってよりよい社会が生まれるのだとすれば、これほど役に立つものはないと言えるのです。

［コラム9］生物学のイメージ

現代生物学のイメージは多種多様です。琉球大学では、海洋生物学や生態学の専門の先生方が比較的多くおられるため、学生の嗜好もそのような分野に偏っており、彼らの生物学のイメージにも偏りがあります。

一方、「バイオ」「生命科学」「DNA」「遺伝子」「ゲノム」などと呼ばれるカッコよさそうな言葉も、日常的に用いられるようになりました。ハリウッド映画では、「バットマン」や「ジュラシック・パーク」でも分子生物学的な手法が登場しました。しかし、それはそれでかなり偏った生物学のイメージを植えつけてしまいます。

生物学は広範囲にわたっており、分子生化学派と進化生態分類学派の溝は深まってきています。その一方で、やっと広範囲の知識を統合的に取り入れて研究を進めようという視点も、かなり稀ではありますが、芽生えてきているように思えます。私自身もそれに尽力しているわけです。そのような研究姿勢で、さまざまな階層から生物を眺めることによって、「ああ、生き物はこうなっているんだなあ」と感慨にふけることができます。それが生物学の最も面白い側面ではないでしょうか。

第 4 部

高次現象の分子生理学

第9講

細胞
——細胞間・細胞内の情報伝達経路

(1) 多細胞生物の進化

□ 細胞間コミュニケーションによる統合

多細胞生物において、1個体として生理的な恒常性を維持し、的確な行動を行うため、細胞細胞間の情報交換を効率的に行い、全体を統合していくこと。そのために発達しているのが、ホルモンなどの内分泌系と、それを的確に捉えるアンテナである細胞表面の受容体。

(2) 情報分子の種類

□ ホルモン

細胞間のコミュニケーションのために使用される分子。ホルモンは特殊な内分泌細胞によって生産される。血糖のレベルを下げるインスリンは膵臓の細胞から分泌される。性ホルモンは性的器官から分泌される。分泌されたホルモンは血流に乗り、身体中を循環する。個体間のコミュニケーションに使用される類似の機能を持つものに、**フェロモン**がある。

□ 神経伝達物質 (詳細は第12講を参照)

神経細胞の間の情報伝達に用いられる分子。シナプスに放出される物質。神経伝達物質は、比較的長時間安定なホルモンとは異なり、すぐに分解され、局所的に作用する。

□ 成長因子

細胞の成長や分化に関わる分子。免疫系の場合は、**サイトカイン**と呼ばれることが多い。特定の分泌器官の細胞や神経細胞が分泌するものではなく、一般的なすべての細胞がその生産にかかわり、コミュニケーションの常套手段として使用されている。

□ 受容体【重要】

ホルモン、フェロモン、神経伝達物質、成長因子などを捉え、細胞内に情報を伝えるための蛋白質。受容体は一般に細胞膜を貫通している蛋白質。シグナル分子が標的細胞の受容体に結合することによって、受容体は立体構造の変化を起こす。細胞内にはシグナル分子が進入しないことが一般的。その代わりに受容体の構造変化により、情報を細胞内に伝える。特定の細胞は特定の受容体分子を発現することによって特定のシグナルに反応するようにプログラムされている。

□ リガンド

受容体に受容される物質。ホルモン、フェロモン、神経伝達物質、成長因子など。より一般的には、酵素の基質を含めて、何かに結合する物質のことを指す。

(3) 受容体分子とは

□ 膜貫通型受容体と細胞内受容体

一般的に、受容体は細胞膜貫通型の蛋白質。シグナル分子は細胞表面で検出され、細胞内には入らない。これに対して、ステロイド・ホルモンのような小型の疎水性のシグナル分子は細胞膜を透過して細胞内部に存在する受容体に結合する。

□ イオン透過型受容体

リガンド結合部位を持つイオン・チャネル。チャネルに外側からリガンドが結合すると一時的にチャネルが開き、細胞に電位変化が発生する。

□ **代謝型受容体**

細胞内で酵素反応を引き起こす受容体。イオン透過型受容体の対語。

□ **酵素連結受容体**

代謝型受容体の一種で、リガンドによって活性化されると、それ自体が細胞内で酵素活性を示すか、蛋白質キナーゼなど別の酵素を活性化する受容体。細胞外に受容部位、内部に酵素部位がある。細胞膜を1回だけ貫通しているのが普通だが、いくつかの蛋白質の鎖から構成されている場合もある。

□ **G蛋白質共役受容体（GPCR）【重要】**

代謝型受容体の一種で、リガンドによって活性化されると、細胞内のG蛋白質を介して細胞内に情報を伝達する受容体。1本の鎖からなり、7回も細胞膜を貫通し、円筒のような構造を形成している。

□ **第二メッセンジャー**

代謝型受容体の活性化によって細胞内につくられ、他の多くの分子に作用する低分子物質。**cAMP**、**カルシウム・イオン**、**イノシトール三燐酸**、**ジアシルグリセロール**、**cADPリボース**など。これらの第二メッセンジャーに刺激されて、細胞内に酵素反応の連鎖（**カスケード**）が引き起こされる。ただし、受容体の種類によっては第二メッセンジャーはつくられないことも多い。

(4) G蛋白質共役受容体の多様性

□ **G蛋白質共役受容体のリガンド**

アミノ酸、ペプチド、ヌクレオチド、脂質などのさまざまな化学物質。ほとんどのG蛋白質共役受容体のリガンドは、分子量が比較的小さい。これに対して、酵素連結受容体ではリガンドは比較的大きな分子。G蛋白質共役受容体のリガンドは一般的に疎水性が高いことも特徴。

□ **オーファン受容体**

リガンドが知られていない受容体。ゲノム・プロジェクトなどの結果として配列情報のみが存在する受容体の総称。

(5) G蛋白質共役受容体を介した細胞内情報伝達経路

□ エフェクター分子

ある分子が活性化されることによって次に活性化される分子。ある分子からみて、情報伝達経路の下流に位置する分子。G蛋白質を主体として考えた場合は、G蛋白質によって活性化される分子を指す。その場合、アデニル酸シクラーゼやホスホリパーゼなどがエフェクター分子。

□ アデニル酸シクラーゼ【重要】

ATPから**cAMP**を合成する酵素。三量体G蛋白質のエフェクター分子。細胞膜の細胞質側に存在する膜蛋白質。アデニル酸シクラーゼは、細菌も含め、広くさまざまな細胞に存在する。cAMPは**第二メッセンジャー**の代表例。

(6) G蛋白質共役受容体の特性

□ ニコチン性アセチルコリン受容体

神経と筋肉の接合部（**神経筋接合部**）において、アセチルコリンの受容によって急激な電位変化を促し、素早い筋肉の収縮を引き起こすイオン透過型受容体。その電位変化はミリ秒単位で急速に起こり、急速に減衰する。nAChRと略記される。

□ ムスカリン性アセチルコリン受容体

アセチルコリンを受容するG蛋白質共役受容体（代謝型受容体）の一種。活性化に十ミリ秒単位の時間が必要。G蛋白質のエフェクター分子は直接イオン・チャネルであるため、ムスカリン性アセチルコリン受容体の系はG蛋白質共役受容体の中では作用が最も早い。しかしながら、イオン透過型受容体であるニコチン性アセチルコリン受容体よりもその作用は格段に遅い。

□ G蛋白質共役受容体の汎用性

G蛋白質共役受容体がさまざまな細胞で用いられていること。G蛋白質共役受容体の情報伝達経路では、それぞれの分子段階でシグナルが増幅されるため、非常に感度が高い。これが、G蛋白質共役受容体が汎用されている第一の理由であると考えられている。たとえば、ヒトの視覚系は単一光子を認識することができるほど感度が高い。ただし、情報の増幅は、ラスによる情報伝達経路などの他の代謝型受容体系にもあてはまる。もう一つの汎用の理由は、増幅されたシグナルが、イオン・チャネルだけでなく、燐酸化を通して他の分子にも影響を与えることができること。その結果、細胞内で様々な分子の相互作用が起こる。その出力として細胞の分裂、細胞内骨格の変化、あるいは遺伝子発現の調節などが行われる。

(7) 匂い物質の受容

□ 匂い物質の受容過程【重要】

① 匂い受容体に匂い物質が結合する。

② 受容体が活性化される。

③ 匂い受容体が活性化された後、それに伴って細胞質内で最初に**G蛋白質**が活性化される。嗅神経細胞で使用されるG蛋白質はG_{olf}（ジー・オルフ）と呼ばれる。

④ 活性化されたG_{olf}は、次に**アデニル酸シクラーゼ**を活性化する。

⑤ 活性化されたアデニル酸シクラーゼは、細胞内のATP（アデニン三リン酸）を化学修飾して**cAMP**（サイクリック・エーエムピー）を生産する。

⑥ 生産されたcAMPが、細胞内の第二メッセンジャーとして、細胞内に広がっていく。

⑦ cAMPが細胞膜に貫通して存在するイオン・チャネルに結合すると、チャネルが開く。このチャネルはcAMPおよびcGMP（まとめてサイクリック・ヌクレオチドあるいは環状ヌクレオチド）によって活性化されるため、環状ヌクレオチド制御型チャネル（**CNGチャネル**）と呼ばれる。

⑧ 開いたCNGチャネルを通して、陽イオン（主にナトリウム・イオンとカルシウム・イオン）が細胞外から細胞内へ流入する。プラス電荷の流入によって、細胞膜の電位が逆転する。

⑨ カルシウム・イオンが**塩素チャネル**に細胞内部から結合し、塩素チャネルが開く。

⑩ 塩素チャネルが開くことで、細胞内部の塩化物イオンが細胞外へ流出する。このマイナス電荷の流出によって、細胞がさらに**脱分極**する。前

回のプラス電荷の流入とマイナス電荷の流出は、どちらも脱分極に貢献する。

⑪　その結果、比較的大きな膜電位の逆転が生じる。これを**受容器電位**と呼ぶ。

⑫　受容器電位は受動的に細胞体付近の電位依存性イオン・チャネルがある場所まで広がっていく。

⑬　受容器電位が電位依存性ナトリウム・チャネルを活性化する閾値を越えると、ナトリウム・チャネルが開き活動電位が開始される。

⑭　活動電位が軸索を伝わっていく。軸索の先端は嗅球へとつながっており、情報が伝達される。

(8) 化学受容としての光受容

□ 桿体細胞

網膜を構成している光受容細胞の一種で、明暗の受容に関わる。棒状の形態のため、この名がある。

□ 錐体細胞

網膜を構成している光受容細胞の一種で、色彩の受容に関わる。円錐状の形態のため、この名がある。

□ ロドプシン【重要】

桿体細胞・錐体細胞内に存在する光受容分子。**オプシン**という蛋白質に**レチナール**という有機化合物が共有結合したもの。オプシンは膜を７回貫通している**G蛋白質共役受容体**。シス型のレチナールは屈曲した分子構造を持つが、光子（フォトン）を吸収すると直線状のトランス型になる。オプシンはこの構造変化を検出する。

□ 暗状態での光受容細胞

光がない状態では、cGMPは環状ヌクレオチド開閉型チャネル（**CNGチャネル**）に結合しているため、CNGチャネルは開放状態にある。つまり、このチャネルは開きっぱなしになっていて、外部から常にNa^{+}イオンとCa^{2+}イオンが流入している。

□ 光受容の過程

①　光によってロドプシンが活性化される。

②　次にG蛋白質である**トランスデューシン**が活性化される。

③　活性化されたトランスデューシンは、**ホスホジエステラーゼ(PDE)**を活性化する。この酵素は視細胞内に存在する**cGMP**（環状GMP、サイクリック・ジーエムピー）を5’-GMPへと分解してしまう。

④　光刺激によるホスホジエステラーゼの活性化によってcGMP濃度が低下すると、**CNGチャンネル**からcGMPが解離し、CNGチャンネルが閉じる。

⑤　そのため、Na^+イオンの細胞内への流入が阻止され、細胞内電位が細胞外電位よりも高くなってしまう。その結果、視細胞は脱分極するのではなく、さらに過剰に分極（**過分極**）する。

(9) ステロイド・ホルモンのシグナル伝達経路

□ ステロイド・ホルモン

脂溶性の物質であるステロイド性のホルモンの総称。血流に乗って身体中を循環するときも、キャリア蛋白質に結合する形で運ばれる。ステロイド・ホルモンは、細胞膜を通過することができる。その受容体は細胞内に存在する。性ホルモン、グルココルチコイドなどがステロイド・ホルモンの代表例。

□ 熱ショック蛋白質

他の蛋白質の構造形成過程を補助する蛋白質。細胞がストレスにさらされたときに必要とされるため、**ストレス蛋白質**とも呼ばれる。ステロイド受容体の機能にも関わっている。また、蛋白質の立体構造形成を補助する機能もあるため、**分子シャペロン**とも呼ばれる。

□ グルココルチコイドの細胞内情報伝達経路

受容体は細胞内に、熱ショック蛋白質と結合した状態で存在。グルココルチコイドが細胞内受容体に結合すると、受容体は立体構造変化を起こし、熱ショック蛋白質との親和性が低くなり、互いに解離する。受容体には核移行シグナルというアミノ酸配列があり、熱ショック蛋白質が解離することで、この配列が核内の結合部位と親和性を持つようになる。ホルモン・受容体複合体は二量体となってDNAの特定の配列に結合し、転写因子として働く。

(10) ラス経路と細胞の癌化

□ 蛋白質チロシン・キナーゼ

蛋白質のチロシンに燐酸基を転移する酵素。単にチロシン・キナーゼとも呼ぶ。細胞内情報伝達経路に重要な役割を果たす。

□ 上皮成長因子（EGF）

上皮細胞の成長に必要な一般的な成長因子。多くの細胞が分泌する。EGF受容体は、細胞外部にリガンド結合部位を持ち、単一の膜貫通部位を持つ。受容体の細胞内部の部分はチロシン・キナーゼとして働く。

□ 上皮成長因子によって開始される細胞内情報伝達経路

① EGF受容体は膜上に単量体で存在。

② リガンドが結合すると、EGF受容体は他の同一分子に対して親和性を示すようになり、二量体になる。

③ 二量体になると、細胞内部に存在するキナーゼ活性部位が互いのチロシン残基を燐酸化する（**自己燐酸化**）。

④ 細胞内部には、EGF受容体結合蛋白質（GRB）が存在。この蛋白質は燐酸化された受容体に親和性を持ち、結合。

⑤ さらにGRBにSOS蛋白質が結合。この複合体が**ラス**を活性化する。

⑥ 不活性状態では、ラスにはGDPが結合している。上記の複合体によって活性化されると、ラスはGDPを放出し、その代わりにGTPを受け入れる。ラスはGTP分解酵素活性を持っているため、結合したGTPをゆっくりと加水分解し、GDPに変換。するとラスは不活性型に戻る。この間だけ、活性が維持されているため、情報伝達の分子タイマーとして機能する。

⑦ ラスの下流に**マップ・キナーゼ（MAPキナーゼ）**の一群が位置している。最初に活性化されるのが、ラフ。活性化ラフは、MEKを燐酸化。燐酸化されたMEKは、今度はERKを燐酸化。

⑧　燐酸化ERKは核内に移動し、核内の特定の転写因子を燐酸化。

⑨　燐酸化された転写因子は活性化され、特定の遺伝子を転写する。

□ 原癌遺伝子【重要】

突然変異が起こると細胞を癌化させてしまう遺伝子の総称。単に**癌遺伝子**とも呼ばれる。正常な細胞にとって非常に重要な遺伝子であり、多くの場合、細胞内情報伝達に関わっている。突然変異によって常に情報が増幅された場合、常にリガンドによって刺激されているような状態になり、細胞は狂ったように分裂をはじめ、他の組織まで侵入してしまう。ラスは原癌遺伝子の代表。正常細胞では、ラス経路は活性化された後、必ず停止される必要がある。原癌遺伝子には転写因子も多い。

(11) 細胞に生命が宿る

□ 分子間相互作用の総体としての生命

生命とは、複雑な分子間相互作用の総体として定義できること。複雑な分子の動きが生きた細胞の中で繰り広げられ、細胞は外部からの情報に常に対処して生きている。これが、細胞が単なる分子に還元できない理由。

□ クロス・トーク

さまざまな情報伝達経路の相互作用のこと。入力が2回路以上の場合、その入力に対する出力は、単なる足し算ではなく、特定のアルゴリズムに従って処理され、その細胞独自の出力となる。細胞は外部からの情報だけでなく、内部の状況も常に変化していくため、それらも同時に情報処理機械としてモニターしていることになる。

第10講 発生——形態形成の分子論

(1) 発生学から発生生物学へ

□ 発生学

胚発生の過程の正確な記載をもとにして発生メカニズムを論じる生物学分野。分子生物学・分子遺伝学の手法が導入された最近の発生学的研究分野は**発生生物学**と呼ばれる。

□ 発生運命の決定

卵細胞は将来形成される動物の体のすべての細胞を形成する能力を持つ（**分化の全能性**）が、細胞分裂によって細胞数が増えたとき、それぞれの細胞について将来分化していくべき運命が決定されること。

□ オーガナイザー（形成体）【重要】

胚発生のある時点において、周囲の組織に発生運命を決定させるシグナルを出す細胞群。**シュペーマンとマンゴールド**は、ある発生段階における胚の一部の細胞群（オーガナイザー）が周囲の組織の細胞分化の運命を決定付けるような活性を持っていることを移植実験によって示した。オーガナイザーはさまざまな動物の発生過程において要所要所に現れる。

□ **モルフォゲン【重要】**

オーガナイザーから周囲に発せられる仮説的なシグナル。現在では、拡散して周囲の細胞に広がっていく転写因子などの蛋白質がモルフォゲンであるとされている。オーガナイザーがモルフォゲンによって周囲の細胞の運命を決定する現象は**誘導**と呼ばれる。

(2) 細胞分化という現象

□ **分化【重要】**

卵細胞が細胞分裂し、それぞれの細胞が独自のアイデンティティーを確立していく過程。それぞれ分化した細胞は、それぞれ特徴的な蛋白質を持つ。遺伝子レベルで考えると、それぞれの細胞が特徴的な遺伝子発現パターンを持つ。

□ **ハウスキーピング遺伝子**

細胞の分化や特異性に関係なく、すべての細胞に共通して発現している遺伝子。アクチンや翻訳伸長因子の遺伝子など。

□ **成虫原基**

昆虫において、幼虫の中で保持されている、成虫組織をつくるための未分化な細胞群。蛹になる前の最終段階である終齢幼虫になると、それらの成虫原基は将来どの細胞に分化するかが決まり、翅原基、触覚原基、脚原基などに運命づけられる。原基は蛹の初期に著しく拡張され、その後、原基の細胞は成虫の細胞へと分化する。

□ **カナライゼーション**

分化状態・進化状態の不可逆性。細胞が不可逆的に分化し、柔軟性が失われた場合、カナライゼーションの程度が進んだと表現される。

(3) ゲノムの再編成は不要

□ **個体再生実験（植物）**

植物の未分化細胞のかたまりであるカルスから完全なる個体をつくることに成功した実験。1960年代から70年代にかけて行なわれた。タバコやニンジンの茎などの分化細胞を植物ホルモンを含む培地で培養してカルスをつくり、カルスから個体をつくる。この実験から、植物の分化した細胞の核には、個体全体を正常につくり上げるための遺伝情報がすべて収められており、発生の途中での情報の損失、つまり、不可逆的なゲノムの再編成は行われていないことがわかる。

□ **個体再生実験（動物）**

分化した細胞の核を細いガラス管で吸い取り、あらかじめ核を破壊しておいた卵細胞に移植（核移植）することで、完全なる個体を得た実験。かなり低い確率だが、アフリカツメガエルで最初に成功した。カエルの分化細胞の核には生体全体を構成するための情報が含まれており、発生過程での情報損失はないことを示す。このような核移植実験を**動物クローニング**と呼ぶ。核移植によって生まれてきた個体は核を提供した個体のクローン。近年はマウスでも可能。

(4) 胚発生とシュペーマンの実験

□ **胞胚**

卵発生の過程で、外見は球形だが、内部には 上方に空洞（**卵割腔**あるいは**胞胚腔**）ができている状態の胚。アフリカツメガエルでは、受精後6～8時間くらいで、細胞数は1万個ほど。この時期には、空洞の上部の細胞層と空洞の下の細胞群にすでに性質の違いがみられる。

□ **原腸胚（嚢胚）**

卵発生の過程で、胞胚の次の段階にあたる胚。アフリカツメガエルでは、胞胚から4～5時間ほど経過した時期で、細胞数3万個ほど。すでに3つの胚葉に分かれている。この**三胚葉の分離**が、明確な運命拘束の第一段階。一部の表面の細胞が、ある特定の部分（**原口**）から内部に潜り込み、原腸を形成するためにこの名がある。この過程を**原腸形成**と呼ぶ。

□ **原口背唇部**

原口が陥入して原腸ができる際の、原口の背側の部分の細胞群。**シュペーマンとマンゴールド**の実験により、神経を分化させる誘導能力を持つことがわかった。このような能力を持つ細胞群が**オーガナイザー(形成体)**。

□ **外胚葉**

原腸胚の外部表面を構成する細胞層。外胚葉からは皮膚や神経がつくられる。

□ **中胚葉**

原腸胚において、原口から内部の空洞を押し込むように潜り込んで新たな細胞層となり、外部表面を構成する外胚葉と内部を構成する内胚葉との中間に位置する細胞層。中胚葉からは筋肉や骨がつくられる。

□ **内胚葉**

原腸胚において、胚の最も内側に位置している細胞層。内胚葉からは消化管や肝臓などが生じる。

□ **シュペーマンとマンゴールドの実験【重要】**

① イモリの胚の原腸形成の時期に空洞を押し込んでいく部分（原口）の少し上部に位置する背側の組織（**原口背唇部**）を切り出し、別の胚の腹側へ移植した。

② すると、移植片の周辺の外胚葉のうち、表皮へと分化するはずの細胞が神経へと分化してしまうという現象が観察された。極端な場合には、移植片周辺に新しい体軸が形成され、身体が融合したままの双子のような胚が形成された。

③ このようにして実験的につくられた構造は、移植片からの細胞だけでなく、移植を受けた宿主の細胞からも構成されていた。つまり、移植を受けた宿主細胞は、移植片からのシグナルを受け取り、新しい運命を獲得して分化したと解釈される。これが**誘導**と呼ばれる現象。

(5) モルフォゲンの勾配モデル

□ **閾値（発生分化）【重要】**

それ以上では反応し、それ以下では反応しないときの境界の値。未分化な細胞は、あるモルフォゲン濃度が閾値を超えるかどうかで運命決定をすると考えられている。発生運命が多数の場合、閾値も多数セットされることになる。閾値は細胞の性質であるが、還元論を推し進めれば、モルフォゲン受容体の感受性を反映していると解釈される。多数の閾値がある場合、モルフォゲン受容体も多数存在することになる。

□ 位置情報

細胞が組織全体においてどのような位置に存在するかという情報。特に分化過程の運命決定において必要とされる。細胞自体が全体を鳥瞰しているわけではないが、位置情報によって各細胞が分化すれば、結果として全体として統制のとれた組織が出来上がる。

□ モルフォゲン濃度勾配モデル【重要】

① オーガナイザーからある物質(**モルフォゲン**)が分泌されているというのが最初の仮定。

② モルフォゲンは単純な拡散によって周囲の細胞に広がっていく。当然、その濃度はオーガナイザーで最大となるが、オーガナイザーから物理的に離れれば離れるほど小さくなっていく。

③ オーガナイザーから分泌されたモルフォゲンの**濃度勾配**が形成される。その濃度勾配にしたがって、周囲の細胞が分化すると考える。

④ オーガナイザー周辺の細胞群は、どの細胞もほぼ同じくらいのモルフォゲンに対する感受性を持っていると仮定する。それぞれの細胞はモルフォゲンの濃度がある閾値aという値を超えた場合、Aという細胞に分化するようにプログラムされているとする。それと同時に、それよりも低い別の閾値bを越えた場合、Bという細胞に分化するようにプログラムされているとする。さらに、閾値bを超えない場合、デフォールトとしてCという細胞に分化するように運命付けられるようにプログラムされていると考える。

⑤ 閾値が不変であるならば、モルフォゲンの濃度勾配とオーガナイザーからの物理的位置によって分化する運命が決まる。言い換えると、それぞれの細胞はオーガナイザーからのシグナルを読むことによって、モルフォゲン濃度という位置情報を得、その位置情報に従って分化していく。

□ ツールキット遺伝子群(遺伝的ツールキット)【重要】

モルフォゲンとして機能する蛋白質をコードする遺伝子群。形態をつくるための「工具キット」として働く遺伝子群という意味。ただし、ツールキット遺伝子は実際に形態を形成する遺伝子ではなく、現場監督者や重要な会議の出席者ように形態形成の方向性を決定している遺伝子であり、「監督遺伝子」などと呼ぶべきであろう。

(6) シュペーマンのモルフォゲンの正体

□ 細胞の分化運命決定の実験

① 切り出された初期の外胚葉をそのまま培養しておくと、表皮組織へと分化していく。この分化には、細胞間の情報交換が必須ではないかと仮定する。

② 外胚葉組織の細胞をばらばらに分離し、その後すぐにランダムに集合させると、外胚葉片はやはり表皮組織に分化する。

③ しかし、分離後1時間以上放置しておき、その後集合させると、神経へ分化する兆しが見え始め、5時間ほど分離状態を続けた後に集合させると、完全に神経組織へと分化する。

④ このような実験から、外胚葉は何も情報入力がないデフォールトの状態では神経へ分化するようにプログラムされており、細胞相互の情報入力が行われると表皮へと分化するように再プログラムされることがわかる。

□ ノギンとコーディン

原口背唇部で発現されている神経への分化を誘導することができる遺伝子。ノギンとコーディンの機能によって何も情報入力がない状態では外胚葉は神経へと分化する。

□ 骨形成蛋白質(BMP)

細胞間の情報交換が行われるとデフォールトの分化プログラムが書き直され、神経ではなく、表皮へと分化するようになるが、このときの細胞間の情報交換物質。厳密にはBMP4。BMP4は細胞外を拡散し、濃度勾配を形成することができる。ノギンとコーディンも細胞外に存在し、BMP4に結合することでその活性を阻害する。

(7) ビコイドによる前後軸シグナル

□ 哺育細胞

ショウジョウバエの卵母細胞が形成される際に、その一端とつながっていて成長を補助する細胞。哺育細胞は、成長中の卵子の、将来頭部（前方）になる部分の細胞質とつながっており、栄養分などを卵子に供給している。将来の頭部を位置づけるための位置情報を担う分子も卵子へと送り込んでいる。

□ 母性効果

母親から卵発生の情報を受け取ることで生じる影響。ショウジョウバエの卵細胞が哺育細胞から位置情報分子などを受け取ることによって生じる効果。

□ ビコイド【重要】

ショウジョウバエにおいて、哺育細胞によって供給される位置情報を担う分子。ただし、哺育細胞から注入されるビコイドは蛋白質ではなく、mRNA。ビコイドmRNAは、卵内では前方のみに偏って分布している。産卵後、少し時間がたつとビコイド蛋白質がつくられ、単純な拡散によって濃度勾配を形成する。この濃度勾配にしたがって胚の前後軸が形成される。ビコイドの濃度が高い部分が前部に、低い部分が後部へと発生していく。

□ ビコイドの作用機序

ビコイドは転写因子。ビコイドは**ハンチバック**遺伝子のプロモーターに結合し転写を促す。ハンチバックも濃度勾配を形成。ハンチバックも転写因子で、他の遺伝子を活性化。濃度勾配に従って、最も濃度の高い部分では、クルッペルが、中程度に濃度が高い部分ではクナープスが、さらに濃度が低い部分ではジャイアントが発現される。このように、最初は非常に粗い状態のビコイドの濃度勾配の一部がハンチバックに読み取られ、よりシャープな勾配となり、さらに、ハンチバックの位置情報が他の遺伝子に読み取られる結果、より狭いシャープな部分だけにある遺伝子の発現が限定されるようになる。このような連鎖的な濃度勾配の読み取りによって次々と場所特異的な分化シグナルが形成されていく。

(8) ホメオティック遺伝子

□ ホメオティック変異（ホメオシス）

特に昆虫において、体の一部が他の部分に置き換わっている変異。たとえば、チョウの後翅が前翅に置き換わっている異常型や、ハエやハチの触覚が脚に置き換わっているような異常型。異常な場所にできた器官は正常な形態を保っている。

□ バイソラックス

ホメオティック変異の一種で、ショウジョウバエの平均棍が翅に変化した表現型を持つ突然変異体。４枚の翅を持った異常個体。昆虫は一般的には中胸と後胸にそれぞれ１対（全部で４枚）の翅を持つ。しかし、ハエやハチは一般に双翅目と呼ばれるように、中胸に１対の翅（前翅）を持つだけで、後胸にあるはずの後翅は退化して棍棒状の器官（平均棍）になっている。ところが、バイソラックスでは、この平均棍が翅に変化している。**ウルトラバイソラックス**と呼ばれる遺伝子が関与。この遺伝子は、平均棍の発達を促進し、翅の発達を抑制するように働く。この遺伝子に突然変異が起こり、その機能が欠落してしまうと、平均棍の発達の促進が不可能となり、翅が発達してしまう。機能欠損突然変異によるもの。

□ アンテナペディア

ホメオティック変異の一種で、ショウジョウバエの触覚（アンテナ）が脚に変化した表現型を持つ突然変異体。**アンテナペディア**と呼ばれる遺伝子の突然変異が原因。この遺伝子は、触覚の形成の際には機能せず、脚の形成時に機能するはずだが、突然変異によって、誤って触覚の形成のときに活性化されてしまう。すると、異所的な遺伝子機能の機能獲得のため、異所的に脚が形成されてしまう。機能獲得突然変異によるもの。

□ ホメオティック遺伝子群【重要】

胚の初期発生ではなく、発生段階において比較的後期の形態形成に関わる重要な遺伝子群。これらの遺伝子に突然変異が起こると、ホメオティック変異をつくり出す。ウルトラバイソラックスとアンテナペディアが代表的なホメオティック遺伝子。

□ セレクター遺伝子

細胞分化岐路の運命を決定する遺伝子の総称。ホメオティック遺伝子はセレクター遺伝子の代表例。大部分が転写因子。ホメオティック変異は、単一の遺伝子（ホメオティック遺伝子）の異常によって引き起こされる。発生過程の経路そのものは異常ではなく、経路の選択（運命決定）が誤っていることに注意。つまり、ホメオティック遺伝子は細胞分化の分岐点の決定遺伝子として機能している。セレクター遺伝子が発現しない場合、デフォールトの運命をたどる。

(9) 翅の発生におけるセレクター遺伝子

□ ベスティジアルとスカロップト

翅や平均棍の原基に発現されている翅の発生を決定するセレクター遺伝子。

□ エングレイルド

すべての体節の後方部分に発現され、体節の前後を決定するセレクター遺伝子。正常な個体では、前部では発現されない。翅でも後部のみに発現している。

□ アプテラス

翅の背側になる部分に発現され、背腹を決定する遺伝子。翅は表側と裏側に細胞の層が重なり合ったものだが、そのうちの背側の細胞のみに発現されている。ベスティジアルとスカロップトは翅全体に発現されているが、そのうち、前後を決めているのがエングレイルドであり、表裏を決めているのがアプテラス。

(10) 翅の発生におけるコンパートメント化

□ ショウジョウバエの翅原基

将来的に成虫の翅に分化する細胞群。翅原基は、成虫の翅が生える部分と同様、幼虫においても中胸（第二胸部）に保持されている。卵から生まれたばかりの最初の幼虫（１齢幼虫）では、30個ほどの細胞群からなるが、幼虫の成長とともに翅原基の細胞数も増加し、終齢幼虫（３齢幼虫）では５万個ほどの細胞群にまで成長。成虫の翅が形成される以前に、すでに幼虫における翅原基において運命の決定のプロセスが進行している。

□ 前後軸の位置情報

① 前後軸形成に重要な遺伝子として**エングレイルド**が翅原基後部（翅全体の半分くらいの面積）に発現されている。この遺伝子は前部には発現されない。この遺伝子で前部と後部が規定され、それぞれが**コンパートメント**として別々の運命をたどる。

② エングレイルドが発現された後部の細胞においては、それに引き続き、**ヘッジホッグ**と呼ばれる遺伝子が発現される。

③ 前部の細胞はヘッジホッグを発現することはないが、ヘッジホッグの受容体分子の遺伝子である**パッチト**が発現されている。

④ 後部からヘッジホッグ蛋白質が前部へと拡散するが、拡散距離が短いため、ヘッジホッグを受容できる細胞は、後部のコンパートメントに接しているような境界部分に近い細胞に限られる。パッチトを発現しているごく一部の細胞だけがヘッジホッグのシグナルを受ける。

⑤ パッチトを発現している前部の細胞がヘッジホッグを受け取ると、**デカペンタプレジック**という遺伝子発現が誘導される。

⑥ デカペンタプレジックは後部と前部の境界領域に発現されるため、このデカペンタプレジックが発現している細胞がオーガナイザーとして働く。つまり、デカペンタプレジックがモルフォゲンとして前部および後部へと拡散し、濃度勾配をつくり上げる。

⑦ 前部コンパートメントと後部コンパートメントの境界部分に形成された「オーガナイザー」から分泌されるデカペンタプレジックの濃度勾配にしたがって、翅の細胞は位置情報を認識し、閾値にしたがって別々の下流の遺伝子を発現する。最も濃度の高いコンパートメントの境界付近では**スパルト**が発現され、その周辺部分には**オプトモーター・ブラインド**が、さらに周辺の広い部分（ほとんど翅全体）には**ベスティジアル**が発現される。

⑧ このベスティジアルが**スカロップト**とともにセレクター遺伝子として翅

の細胞のアイデンティティーを確立させる。

（11）情報の統合としてのシスエレメントの役割

□ シスエレメント

ある遺伝子と同じ染色体上に存在する転写調節部位の一般名称。さまざまな転写因子の結合部位から構成されることで、位置情報の統合の場所として機能する。シスエレメントの突然変異が形態進化に重要な役割を果たすとされている。

（12）昆虫の翅の多様性と進化

□ 昆虫

昆虫は種の数という意味では、地球上で最も繁栄している生物。節足動物門昆虫綱。頭・胸・腹の体節構造を持つこと、６本の脚と４枚の翅を持つこと、**変態**することが大きな特徴。ある文献によると、現在記載されている全生物種165万のうち、昆虫はその約半数である80万を占めている。昆虫以外の動物は30万、動物以外の生物が55万。

□ 翅の発明

昆虫の大繁栄の理由のひとつ。昆虫の分類において目（もく）レベルの分類には翅の状態が使用される。たとえば、チョウは鱗翅目、カブトムシは鞘翅目、ハエは双翅目。

□ 完全変態

成虫と幼虫をまったく異なった生物体として分離し、その間に蛹の時期を持つ変態様式。昆虫のうち最も種数のうえで繁栄しているのが鞘翅目、鱗翅目、双翅目、膜翅目で、これだけで昆虫の80％以上を占め、この４目すべてが完全変態の昆虫。蛹の登場（完全変態の発明）と翅の進化は相関している。蛹の時期がなく、成虫と幼虫が類似した形態を持つ変態様式を**不完全変態**と呼ぶ。

□ ウルトラバイソラックス遺伝子の発現

昆虫の後翅のアイデンティティーの確立に必要な遺伝子発現。おそらくどの昆虫でもこの遺伝子が後翅に発現されている。昆虫の翅の多様性の源泉はこの遺伝子が制御している下流の遺伝子に起因するのではないかと考えられている。

(13) チョウの翅の構造

□ 鱗粉

チョウの翅の模様を形成する、屋根瓦のように敷き詰められた構造物。鱗粉１個は細胞１個に対応。蛹の時期に鱗粉細胞が外分泌した物質から形成される。個々の鱗粉の色や形には個々の細胞の分化状態が直接反映されている。鱗粉の色は１個体のチョウで数種類程度。鱗粉１枚には１種類の色だけが発現される（一細胞一色）。翅全体は鱗粉のモザイク。

□ 構造色

鱗粉表面の光の波長レベルの微細構造によって表出される、金属光沢を持つ色。化学物質としての色素を持たない。チョウの翅のほかに、タマムシなどのキラキラした輝きを持つ昆虫の色も構造色。

□ 鱗粉細胞の運命決定過程

① 鱗粉細胞は翅平面に並ぶことで１枚のシートを形成。運命決定のとき、細胞は平面状に固定されている。細胞間はギャップ結合でつながっており、情報交換が可能。

② 翅の一部がオーガナイザーとして位置情報を発する。

③ それぞれの鱗粉細胞はモルフォゲンの濃度勾配に従って位置情報を獲得し、自分がどのような色や形を持つ鱗粉をつくるかという発生運命を決定する。

(14) チョウの眼状紋形成過程

□ 眼状紋

チョウの翅の目玉模様。同心円状のいくつかの色のリングから形成される。眼状紋の中心（焦点）にはオーガナイザーとしての活性がある。

□ 眼状紋焦点の決定過程

ディスタルレスと呼ばれる遺伝子の発現によって焦点の場所が決定されると考

えられている。この遺伝子は、最初は翅の周辺部位および各部屋（翅脈で区分されている区画）の中心部分を長径に沿って内部へと伸びるように発現。その後、一部の点（将来的に眼状紋の焦点になる部分）だけに発現が収束される。

□ **コオプション**

発生過程の進化の際に、旧来別の機能のために使用されていた遺伝子に新しい機能を付与して、別の系で使用すること。チョウの眼状紋では、ディスタルレスのほかに、ショウジョウバエの翅において前後の区画を確立するために用いられたエングレイルドをはじめ、ヘッジホッグとその関連遺伝子が発現されているが、これがコオプションの代表例。形態進化の重要な戦略であると考えられている。

□ **シスエレメントの変化**

進化において、蛋白質自体あるいは蛋白質をコードしている遺伝子配列の変化ではなく、その発現調節配列（**シスエレメント**）の変化のこと。既存の蛋白質の機能を破壊することもないため、有害な蛋白質をつくり出すことはない。形態進化の重要な戦略であると考えられている。

(15) チョウの翅の多様性を生み出すメカニズム

□ **モルフォゲン調節**

チョウの翅には、眼状紋の**オーガナイザー**に匹敵するオーガナイザーがいくつか配置されており、それらが位置情報を鱗粉細胞に与えることによって色模様が決定されるが、それぞれのオーガナイザーからのモルフォゲンの量などによって模様の形状が異なってくること。

□ **ヘテロクロニー（異時性）**

発生段階に時間差があること。同一の翅の上に存在するすべての鱗粉細胞が同時に発生過程を進行させるのではなく、場所によってそれらの発育期に時間差が生じる。発現時期の違いによってモルフォゲン感受性が異なってくると考えられる。ヘテクロニーは生物の進化一般において、形態の多様性を生み出す源泉として重要。

□ ホルモンによる制御

身体全体にわたって循環するホルモンによる制御。その代表的なホルモンが**エクジステロイド(エクジソン)**。このホルモンは、蛹化ホルモンとも呼ばれ、終齢幼虫が蛹化する際に亢進されるホルモン。エクジステロイドの濃度によって、翅の色調に明暗が生じ、季節型の多様性が生じる。

□ 雌雄モザイク

身体の一部がメスであり、別の部分がオスである異常個体。昆虫に多くみられる。昆虫の場合、性ホルモンはなく、性は**細胞自律的**に決定されるため、雌雄モザイクが起こりうる。雌雄がまったく異なる色模様を持つチョウの場合、たとえば、メスの翅の中の一部分がオスになっている場合があるが、その場合でも、翅のその位置でのメスの色模様が表出されている。これは、雌雄でまったく色彩が異なっているとはいえ、同じ位置情報が発せられていることを推測させる。

［コラム10］偉い人の話

日本では、ノーベル賞受賞者などの偉い科学者ともなれば、政府の教育機関に抜擢され、科学政策だけでなく、教育政策をはじめとした社会政策全般についての発言権を得るようです。

これはまったくおかしなことです。偉い科学者は、特定の科学分野だけに集中して人生をおくってきたからこそ、そのような偉業を成し遂げたわけです。彼らは政治学者でも教育学者でも社会学者でもなく、もちろん、過去の物理学者のような思想家でもなく、政治、教育、社会、思想全般に関してはまったく素養はないはずです。根も葉もない発言が多くみられます。そのような人からは、いわゆる悪い意味で「トップダウン型」の提言がなされ、社会に悪影響を及ぼすのです。そのような人を抜擢した政治家の思考の浅さにもあきれます。

偉い人の話には、素直に耳を傾ける心と同時に、偉いから正しいという思い込みを捨てて、論理的に批判する心を持って臨むことが必要です。これは、学生さんが教授と話をする場合にもあてはまります。

第II講
免疫——自己を守る細胞ネットワーク

(1) 免疫学の難しさ

□ リアル・タイムのダイナミクス

免疫細胞は時間と場所を変えて常に動き回ること。そのうちに細胞のアイデンティティー自体が変化していくこともある。非常にダイナミックな細胞のネットワークを形成する。

□ 免疫学の歴史的背景

免疫学は基本的には医学的な需要に端を発したものだが、単なる臨床のための知識ではなく、かといって単なる純粋な生物学でもないという学問上の性質。免疫学では、基礎と応用の混ざり合いの割合が特に大きい。

(2) マクロファージという前衛防御部隊

□ マクロファージ【重要】

身体のさまざまな組織に存在し、外部からの侵入者を食べてしまう細胞。大きな食細胞。アメーバのような細胞で、積極的に外部の異物を無差別に食べる。この過程が**食作用**。外部からの異物に対して第一線の防衛線として働く。肝臓のクッパー細胞や皮膚のランゲルハンス細胞など、組織によって異なった名称がある。

□ 先天免疫系【重要】

マクロファージをはじめとして、**補体系**や**ナチュラルキラー細胞**などの免疫系で、進入相手を特定せず、侵入者に対して即時的な攻撃をする免疫系の総称。脊椎動物を除く多くの動物は、先天免疫系しか持っていない。

□ 適応免疫系【重要】

外敵の多様性に、防衛分子の多様性をもって対応する免疫系。個々の外敵（抗原）に対して特異的な抗体を産することが基本。脊椎動物において発達している。適応免疫系のほうが個々の外敵に対する特異性は高いが、効果が出るまでには日単位での時間が必要。一方、先天免疫系は、特異性は低いが、すぐに何にでも対応できる。

□ B細胞【重要】

抗体をつくるリンパ球。適応免疫の主役。特定の抗体を分泌している活性化B細胞は**形質細胞**と呼ばれる。

(3) 抗体の構造

□ 抗原

外部から進入してくる物質のうち、抗体をつくらせる物質の総称。抗原としては、細菌、蛋白質、多糖類など、さまざまなものがあるが、あまりに小さな有機化合物だけでは抗原としては作用しない。

□ 抗体【重要】

外部から進入してきた蛋白質などに対して形成される血清蛋白質。形質細胞（B細胞）によって分泌される。代表的な抗体が**免疫グロブリンG(IgG)**。抗体自体には酵素活性はない。

□ 抗原抗体反応

抗体が抗原に結合すること。抗原抗体反応は非共有結合による特異的反応。特定の抗原に対してつくられた特定の抗体は、抗原抗体反応によって抗原の除去のプロセスを駆動する。

□ 抗体の構造【重要】

Y字型の蛋白質。1個の抗体分子は4本のポリペプチド鎖から成り立つ。そのうち2本は長く、**重鎖**あるいはH鎖と呼ばれる。残りの2本は短く、**軽鎖**またはL鎖と呼ばれる。**抗原結合部位**はY字型の先端に2箇所対称に存在する。Y字型の分かれ目の部分は蝶つがいのように柔軟に動き、角度を変えることができる。この部分を**ヒンジ領域**（ヒンジ部）と呼ぶ。

□ 凝集反応

1分子の抗体に2箇所の抗原結合部位があるため、2分子の抗原を1分子の抗体で捕らえることができ、結果として抗原のかたまりが形成されること。

□ F_{ab}フラグメントとF_cフラグメント

抗体を蛋白質分解酵素の一種であるパパインで消化したときに生じる抗体の断片あるいは部位。抗体分子は3個の断片（フラグメント）に分かれるが、Y字型の手の部分からそれぞれ同じものが2個、Y字型の足の部分から1個のフラグメントが生じる。前者は**F_{ab}**、後者は**F_c**と呼ばれる。凝集反応にはF_{ab}が、先天免疫系の活性化などにはF_cが必要。

□ 免疫グロブリン・ドメイン

蛋白質の構造的および機能的なまとまりを持つ領域をドメインと呼ぶが、ここでは、免疫グロブリン（抗体）を構成しているドメインのこと。抗体はβストランドの集合体によってドメインが形成されている。重鎖は4個のドメインに、軽鎖は2個のドメインに分けられる。

□ 可変領域

抗体のY字型の先端のドメイン（110個ほどのアミノ酸から構成されている）のこと。アミノ酸配列が抗体によって大きく異なる部分。その他は**不変領域**と呼ばれる。重鎖と軽鎖の可変領域は互いに密接に非共有結合で結ばれており、**抗原結合部位**を構成している。様々な抗原に対応するためには、この抗原結合部位のアミノ酸配列が多様でなければならない。

□ 抗原決定基(エピトープ)

大きな抗原分子のうち、抗体が標的とするかなり小さな部分。抗原における抗体の認識部位。

□ 免疫グロブリン・クラス

重鎖の不変領域の違いによって指定される抗体の種類。G、M、A、E、Dの5種類からなる。クラスによって機能に違いがある。たとえば、血清中に多いのはIgGで、分泌物に多いのはIgA、組織内に多いのがIgEなど。

□ クラス・スイッチ（クラス転換）

可変領域は同じままで、不変領域のクラスのみが変えられること。たとえば、IgMはB細胞の抗体産生の初期につくられ、その後、IgGなどに変えられた抗体が生産されるようになる。クラスは、さまざまな生理的要求に対応して変えられる。

(4) 抗体の機能――補体系と免疫細胞の活性化

□ オプソニン化

抗体が抗原に結合し、「印」が付けられること。抗原抗体反応が行われること。抗体自身には酵素活性もなく、細菌を破壊することはできないが、オプソニン化によって抗原の生理活性が阻害されることはある。オプソニン化により、様々な免疫分子や免疫細胞が活性化される。

□ 補体系

オプソニン化した抗体のF_c領域によって活性化される一群の血清蛋白質。抗体の抗原への結合によって引き起こされる一群の連鎖反応を行う約20種類の血清蛋白質。主に肝臓でつくられ、血液中や組織中に非常に高濃度で存在する。

□ 補体系の作用順序

① 抗体が抗原に結合すると、C1と呼ばれる蛋白質がF_c領域を認識し、活性化される。

② 抗体が進入してきた細胞の細胞膜の表面抗原を認識している場合、C1→C4→C2→C3→C5→C6→C7→C8→C9と連鎖的に反応が進行する。この連鎖反応において補体蛋白質はさまざまな蛋白質分解活性を持つようになる。

③ 連鎖反応の結果として、補体系はその細胞膜に穴をあけて破壊するよ

うな構造体を膜表面に構築する。

④　同時に、連鎖反応の結果として膜表面に構築された補体の構造体に対する受容体（**補体受容体**）を持つマクロファージなどが、外来細胞を最終的に処理する。

□ アナフィラトキシン

補体系の活性化経路で放出されるポリペプチドの一種。血管壁などを構成しているの平滑筋を収縮させて毛細血管の透過性を増大させる作用や、肥満細胞（マスト細胞）からヒスタミンを放出させる作用などを持つ。

□ F_c受容体を持つ細胞群

大きく分けて２種類の作用を持つ細胞群がある。

- ひとつは、食作用によって抗体が結合した抗原を食べて消化してしまう細胞群で、**マクロファージ**が代表例。マクロファージは補体受容体も持つが、F_c受容体も持つ。この受容体は抗原と結合した抗体に対して強く結合する。マクロファージのほかにも、**単球**、**好中球**、**好酸球**がこのような作用を示す。
- もうひとつは、**肥満細胞（マスト細胞）**と**好塩基球**。これらはF_cによって活性化されると、**ヒスタミン**や**セロトニン**といった化学伝達物質を分泌する。これらの物質は毛細血管を取り巻く平滑筋を収縮させることで、毛細血管の透過性を高めることができる。ヒスタミンは好酸球の**走化性因子**としても働き、好酸球を呼び寄せることによって、抗原の除去を促進する。

（5）抗体の多様性の基盤を求める

□ B細胞受容体【重要】

B細胞の膜結合性抗体。B細胞の発生段階におけるそれぞれのクローン（同じ親の細胞から生まれた遺伝的に同一の集団）は、ある１種類の抗原だけに親和性を持つ１種類の抗体を膜蛋白質として保持している。これがB細胞受容体。１個のB細胞は１種類のB細胞受容体のみを発現している。

□ クローン選択説【重要】

抗体の多様性のメカニズムを説明する説。1959年、**バーネット**により提唱された。B細胞のそれぞれのクローンは、多様なB細胞受容体をはじめから持っているとする。つまり、B細胞受容体は発現される前には決してそれが結合する抗原に出会ったことはない。抗原なしの状態で、われわれの体内には多数のB細胞受容体を持つクローンがあらかじめ存在している。このクローンの種類が極めて多い（10^6～10^8種類）ため、現実的にどのような抗原が侵入してきても、そのうちのどれかがその抗原に対して特異的な結合能力を持っている。すなわち、あらかじめつくられている多様なクローンの中から、進入してきた抗原に対する特異的な結合能力を持つクローンのみが選択され、そのクローンが増殖される。その時点で、膜結合型であった抗体は、遊離の抗体として分泌されるようになり、血液中の特異的な抗体の濃度が上昇する。

(6) 多様性を生み出すための遺伝子発現

□ 体細胞組換え【重要】

B細胞において抗体の多様性を生み出す基本的な分子メカニズム。免疫グロブリン（抗体）の重鎖の遺伝子のうち、蛋白質の可変領域に対応する遺伝子は、可変部遺伝子断片（V）、多様性遺伝子断片（D）、および結合部遺伝子断片(J）から構成されている。それぞれのV、D、J断片は数種類から数十種類の遺伝子断片から構成されている。免疫グロブリンの遺伝子が発現される前に、それぞれV、D、J断片からランダムに1種類ずつ選び出されて、V-D-Jというふうにゲノム上に直線状に再編成される。この再編成が体細胞組換え。たとえば、V断片が200種類、D断片が15種類、J断片が5種類あるとすると、その中から1種類ずつランダムに選択されるため、生産可能な抗体の種類は$200 \times 15 \times 5 = 15000$となる。

□ 体細胞超突然変異

特定のDNA配列に積極的に突然変異が導入されること。抗体の可変部位に起こり、その配列の多様性が増大する。

□ **禁止クローン**

自己抗原を認識したB細胞のクローン。個体の発生過程で排除される。この排除機構に不備が起こると、自己免疫疾患となる。

□ **記憶細胞**

分化したB細胞の一種で、もう一度同じ抗原にさらされた場合に素早くクローンを拡大していくための細胞。記憶細胞の存在は抗原の侵入から抗体産生までの時間を短縮し、抗体産生をより強化する。

(7) B細胞の活性化

□ **CD**

表面抗原の種類を指す略号。cluster of differentiationの略。免疫細胞、特にリンパ球は、大きな核を持つ丸い細胞にすぎず、形態からはその種類や機能はまったくわからない。リンパ球は、その発達段階や機能に応じて特定の膜蛋白質を細胞表面に保持している。それらの細胞を区別するための膜蛋白質という意味。CDの後に適当な数字が付加される。どのようなCDを持っているかということで、細胞が定義される。たとえば、ヘルパーT細胞はCD4陽性細胞、細胞傷害性T細胞はCD8陽性細胞、B細胞はCD19陽性細胞。

□ **ナイーブB細胞**

まだ抗原に出会ったことのない未分化なB細胞。この細胞が抗体をつくるようになるには外部からの刺激によって活性化されなければならない。ナイーブB細胞の活性化には、基本的には抗原との相互作用およびヘルパーT細胞との相互作用が必要。

□ **ナイーブB細胞活性化の過程**

① **〈抗原との相互作用〉** 抗原への結合によってB細胞受容体が膜上で集合し、クラスターを形成。クラスター化されたB細胞受容体は、細胞内の情報伝達経路をオンにし、細胞核へとその情報を送り込む。

② **〈ヘルパーT細胞との相互作用〉** 活性化されたヘルパーT細胞の表面にはCD40リガンド（CD40L）が存在。一方、ナイーブB細胞の表面にはCD40と呼ばれる受容体が存在。このCD40LとCD40の相互作用によっ

て、ナイーブB細胞内への情報伝達が起こる。

③　B細胞受容体からのシグナルとCD40からのシグナルが同時に満たされるときに、ナイーブB細胞は活性化される。

(8) T細胞の活性化と二次リンパ器官

□ T細胞

B細胞と類似のリンパ球の一種。B細胞の機能を助ける**ヘルパーT細胞**、細胞性免疫機能を持つ**細胞傷害性T細胞（キラーT細胞）**、自己免疫を防ぐ**サプレッサーT細胞**がある。

□ T細胞受容体

B細胞受容体に類似した、T細胞に発現されている受容体。B細胞の場合と同様に、それぞれのT細胞は1種類のT細胞受容体を発現している。T細胞受容体も体細胞組換えによって産生される。T細胞受容体は膜から遊離した形で放出されることはない。T細胞受容体の発現もクローン選択説に従う。

□ 抗原提示【重要】

マクロファージなどの細胞が抗原を食べ、断片化した状態でを細胞表面に提示すること。T細胞受容体は遊離した抗原を認識することができず、別の細胞に「抗原提示」されたものだけを認識する。提示されるものは蛋白質に限られるため、T細胞受容体は蛋白質にしか対応できない。

□ 抗原提示細胞

抗原提示ができる細胞。**マクロファージ**および**樹状細胞**が代表的。抗原提示された抗原の断片は、T細胞受容体によって認識される。それによって、T細胞受容体は細胞内の情報伝達経路を活性化し、細胞核に抗原の存在を知らせる。ただし、その認識の際にはCD4という**共受容体**も必要。

□ ヘルパーT細胞【重要】

B細胞活性化やサイトカイン分泌を行なうT細胞。抗原提示を受けておらず、B細胞を活性化することができないヘルパーT細胞を**ナイーブ・ヘルパーT細胞**と呼ぶ。ナイーブ・ヘルパーT細胞が活性化されるためには、抗原提示によってT細胞受容体が活性化されると同時に、ヘルパーT細胞のCD28という共受容体も活性化されなければならない。CD28の活性化には、マクロファージや樹状細胞の表面に存在するB7がリガンドとして働く。B7がCD28に結合すると、CD28は細胞内情報伝達経路をオンにする。

□ 主要組織適合性遺伝子複合体（MHC）【重要】

抗原提示の際に、抗原のペプチド断片を保持する膜蛋白質。この名称は、移植組織の拒絶反応に関わる遺伝子として特定されたという歴史を反映している。MHCには２種類あり、**MHC I（クラスI）**および**MHC II（クラスII）**に分けられている。ヘルパーT細胞が提示を受けるのは、MHC II（クラスII）による提示。

□ 二次リンパ器官

T細胞、B細胞の活性化のための抗原提示を含む細胞間相互作用を効率的に行なうための器官。その代表が**脾臓**と**リンパ節**。適応免疫系の外敵侵入者の認識過程が起こる場所で、ここには多くの免疫細胞が集まっている。これに対して、**一次リンパ器官**とは、免疫細胞群を生産する**骨髄**とT細胞の初期的な分化を促す**胸腺**を指す。

(9) 細胞傷害性T細胞とヘルパーT細胞

□ 細胞傷害性T細胞（キラーT細胞）

活性化されたときにウイルス感染細胞を破壊するように働くT細胞。このT細胞のT細胞受容体の活性化には、MHC Iによる抗原提示とCD8による補助が必要。抗原提示は、ウイルスを食べたマクロファージや樹状細胞によって行われる。その破壊には、補体C9と類似の構造と機能を持つパーフォリンという蛋白質で細胞膜に穴をあける方法が用いられる。これは感染細胞の他殺であり、このような細胞死は壊死と呼ばれる。

□ アポトーシス【重要】

細胞の自殺。プログラムされた細胞死。個体発生の正常段階としてアポトーシスが起こることが知られているが、免疫学においては、キラーT細胞が感染細胞のアポトーシスを誘導することが知られている。つまり、感染細胞に自殺プログラムを開始させるように外部から促す。グランザイムBによるものと、細胞傷害性Ｔ細胞の表面の**Fasリガンド**によって感染細胞の**Fas蛋白質**を活性化する方法がある。

□ インターロイキン２（IL2）

活性化されたヘルパーＴ細胞が分泌する**サイトカイン**の一種。細胞傷害性Ｔ細胞の増殖には、インターロイキン2が必要。ヘルパーＴ細胞はその他にもさまざまなサイトカインを生産し、免疫系の細胞増殖や細胞分化を司る。ヘルパーＴ細胞は、細胞同士の結合によるＢ細胞の活性化にも重要だが、サイトカイン生産者としても重要。

(10) 免疫寛容とサプレッサーＴ細胞

□ 自己

「自己」とは、正常な状態において免疫細胞が攻撃を起こさない対象。言い換えると、免疫寛容が成立している対象が自己。それ以外は「非自己」。

□ 免疫寛容

胎児のときにはまだ「自己」の定義が確立しておらず、その時期に遭遇した細胞の表面抗原（MHC）を自己として認識する現象。胎児の時期の移植片も自己とみなされる。

□ サプレッサーＴ細胞

自己抗原に対して攻撃をしかけるＢ細胞およびＴ細胞の活性を抑制するＴ細胞。

□ 自己免疫疾患

自己抗原に対する抗体が生産されるために起こる病気。細胞・組織の破壊が伴う。**重症筋無力症**の患者では、筋肉の収縮に必須のアセチルコリン受容体が自己抗体によって破壊され、筋肉の機能が衰える。

第12講 神経——動物行動の基盤

(1) 高等動物の分子生理学——神経系の保健的役割

□ 自律神経系

個体としての恒常性維持に必須の神経系。**交感神経系**と**副交感神経系**から構成される。「自律」というのは、個体の意志とは関係なく、自律的に活動を展開するという意味。心臓、肺、胃、腎臓など、それぞれの器官には交感神経と副交感神経がつながっている。この2つの神経系は互いに拮抗的にはたらく。たとえば、心臓の拍動は交感神経によって活性化され、副交感神経によって抑制される。

□ 神経分泌細胞

視床下部の脳下垂体にある細胞で、神経細胞でありながら、同時にホルモンの分泌細胞。神経刺激を受けると血中にペプチド性のホルモン（**神経分泌ホルモン**）を分泌する。この細胞は体内環境の変化に応じて、必要なホルモンを分泌。

□ 感覚系

体外や体内の環境から情報を得るシステムの総称。**嗅覚系**、**視覚系**、**聴覚系**がその代表。歴史的には、光受容器官である眼の生物学的・医学的研究が最も活発に行われてきた。最近は嗅覚研究の進歩がはなはだしい。

(2) 身近な神経系——感覚世界

□ 環境世界

動物行動学の用語で、それぞれの動物が認識する世界。主体的環境 とも呼ぶ。それぞれの動物は自己の感覚器官を通して「外界」を認識し、それを脳内で再構成する。つまり、感覚、それを深めた知覚、さらに総合した認知を通して、それぞれ独自の「神経世界」あるいは「感覚世界」をつくり上げる。

(3) 嗅覚系は生殖活動に必須

□ フェロモン【重要】

ある個体から発せられ、同種他個体に生理的変化を起こさせる物質。個体間でのコミュニケーションに使用される物質。フェロモンを受け取った同種の別個体では、フェロモン特有の生理的変化が誘発される。性フェロモンがその代表。フェロモン受容系は広義の嗅覚系。フェロモンは、自己の遺伝子を子孫に残していくという生物学的に非常に重要な性行動に関与している。

□ 嗅覚系

匂い物質やフェロモンを受容するシステムの総称。匂い物質の受容は、味物質の受容とともに、化学物質受容の特別な形態として捉えることができる。細胞レベルの化学受容はすべての細胞の情報処理システムの基本。

(4) 感覚系の種類

□ 受容特異性【重要】

特定の感覚神経細胞は特定の刺激だけに感受性が高いこと。その理由は、それぞれの感覚神経細胞は、環境中のある特殊化した情報を特異的にキャッチする受容体分子を持つため。その分子の性質によってどのような環境情報をとらえるかが決まる。

(5) 神経細胞は情報伝達用の特殊な細胞

□ 神経細胞

すべての細胞に存在する膜電位をうまく利用して瞬時に遠くまで情報を伝えることができるように特殊化した細胞。**ニューロン**とも呼ぶ。情報伝達用の特殊な細胞。

□ 細胞体

神経細胞において、核が存在する部分。細胞体の周辺には膜の突出が多数ある。

□ 樹状突起

神経細胞の細胞体から突出している比較的短い膜突起。樹状突起は情報入力の場所で、感覚受容細胞の場合は刺激によって**受容器電位**が発生する場所。樹状突起は１つの細胞体から多数出ているのが普通。

□ 軸索

神経細胞の細胞体から突出している比較的長い膜突起。情報は樹状突起で受け取られ、それは活動電位として軸索を伝わっていく。これは単なる拡散では達成できない迅速な情報伝達の方法で行われる。軸索は刺激をある一定方向へと伝達する機能がある。軸索の末端には、次の神経細胞にシグナルを受け渡す場所である**シナプス**がある。

□ 受容器電位

受容細胞が持つ受容体の活性化に伴って生じる膜電位変化。遅いアナログ性シグナル。

□ 活動電位

神経細胞の軸索を通って伝播されるシグナル。速いデジタル性シグナル。

(6) 活動電位の発生機構

□ 脱分極

定常状態で分極している神経細胞の膜電位が、刺激を受けることで逆転すること。膜の分極状態が解除されること。

□ 電位依存性ナトリウム・チャネル

軸索に沿って分布し、膜電位の変化に反応して開くナトリウム・イオンを通す膜蛋白質。電位依存性カリウム・チャネルよりも早く開く。ナトリウム・イオンを通すとすぐに閉じる。

□ 電位依存性カリウム・チャネル

軸索に沿って分布し、膜電位の変化に反応して開くカリウム・イオンを通す膜蛋白質。電位依存性ナトリウム・チャネルよりも遅く開く。電位依存性ナトリウム・チャネルが開くことによって脱分極した膜電位を元に戻す働きがある。

□ 閾値（神経細胞）【重要】

それ以下では反応せず、それ以上では反応するという境界値。神経細胞の活動電位発生は、閾値を越えた場合のみ起こり、これが**全か無かの法則**を与える。神経細胞の閾値の分子的基盤はイオン・チャネルの反応性に求めることができる。閾値の概念は、形態形成モデルなど、生物一般に適応されている。

□ 活動電位の発生機構【重要】

① 受容器電位の発生により、膜電位変化が起こる。

② 膜電位変化がある閾値を越えると、電位依存性ナトリウム・チャネルが開く。

③ 開いたチャネルを通って、細胞外部から細胞内部へとナトリウム・イオンが流入する。これは、細胞内外の濃度差および電位差のため。プラスの電荷が流入していることに注意。

④ 流入したナトリウム・イオンのため、膜電位が脱分極する。その後、ナトリウム・チャネルは素早く閉じる。

⑤ 電位依存性カリウム・チャネルが開く。

⑥ 開いたチャネルを通って、細胞内部から細胞外部へとカリウム・イオンが流出する。これは、細胞内外の濃度差および電位差のため。プラスの電荷が流出していることに注意。

⑦ 膜電位が素早く元の分極状態に戻る。

□ 不応期

膜電位変化によって活性化されたあと、もはや同様の変化に不応となる時期。不応期の存在のために、今来たばかりの方向へ活動電位を逆流させることはできず、結果として活動電位は一方向性となる。イオン・チャネルの性質の反映。

□ **ナトリウム・ポンプ**

ATPのエネルギーを使ってナトリウム・イオンを細胞内から細胞外へ汲みだすと同時に、カリウム・イオンを細胞外から細胞内へと汲み入れる膜蛋白質。**能動輸送**を行う膜蛋白質。

(7) シナプスの構造と機能

□ **シナプス**

神経細胞同士の接合部分。多くの場合、ある神経細胞の軸索の末端と次の神経細胞の樹状突起の先端とに形成される細胞間で情報を受け渡す部分。実際には、二つの細胞の間（つまり、軸索の先端と樹状突起の先端）は、微小な間隙（**シナプス間隙**）になっている。

□ **神経伝達物質【重要】**

シナプス間隙を最初の神経細胞から次の神経細胞へと動くことで情報を伝える分子。つまり、軸索の先端から神経伝達物質が分泌され、それが拡散することによって次の細胞の樹状突起の先端にある神経伝達物質の受容体が活性化され、それによってイオン・チャネルが開き、樹状突起内に電位変化を起こす。その電位変化が活動電位となって、さらに軸索上で伝導されていく。神経伝達物質には、一般に**興奮性伝達物質**であるグルタミン酸やアセチルコリン、一般に**抑制性伝達物質**であるグリシンやγ-アミノ酪酸（GABA）がある。

□ **シナプス小胞**

前シナプス末端において神経伝達物質が入っている多数の小さな膜構造。刺激が来ると、シナプス小胞がシナプス間隙の方へ移動し、膜の融合が起こることで小胞の内容物（つまり、神経伝達物質）がシナプス間隙へと放出される。放出された神経伝達物質は、次の神経細胞を活性化した後、分解酵素によって速やかに除去される。

□ **ギャップ結合**

2つの細胞の膜を貫通している巨大な膜蛋白質チャネル。小さな無機イオンだけでなく、第二メッセンジャーなどの有機化合物もギャップ結合を通過することができる。

□ **電気シナプス**

ギャップ結合によって２つの神経細胞が接続されているシナプス。２つの神経細胞間には神経伝達物質は必要とされない。これに対して、一般的なシナプスは**化学シナプス**と呼ばれる。電気シナプスは、化学シナプスよりもずっと低い頻度でしかみられない。

□ **神経筋接合部**

神経と筋肉の接合部位。最もよく研究されている「シナプス」。脊椎動物の神経筋接合部の神経伝達物質は**アセチルコリン**で、非常に早いシナプス伝達機能を持っており、急激な筋肉の収縮を促す。アセチルコリンは筋肉のシナプス部位に存在するニコチン性アセチルコリン受容体（nAChR）によって受容される。この受容体はイオン・チャネルでもあり（イオン透過型受容体）、アセチルコリンの受容によってチャンネルを開く。これによって、外部からの陽イオンの流入が起こり、筋肉が収縮する。

□ **神経ペプチド**

シナプスにおいて放出されるペプチド。シナプスの「第二経路」。この経路も、化学物質が小胞に蓄積され、電位変化によって放出され、次の細胞の受容体と相互作用する。しかし、その作用は大変遅く、分泌から反応開始までに何百ミリ秒もかかり、しかも、その効果も、分単位あるいはそれ以上の単位で長期的に持続する。それとは対照的に、神経伝達物質による「第一経路」では、数ミリ秒のうちに伝達作用が完遂してしまう。この第二経路では、受容体として**G蛋白質共役受容体**が用いられている。

(8) 感覚系に共通の特徴

□ **電気的シグナルへの変換**

環境からの刺激の種類にかかわらず、すべての情報は最終的には電気化学的シグナルに変換されることが共通。つまり、神経細胞に活動電位を発すること。軸索を伝播していくすべてのシグナルは活動電位。逆に言えば、一端シグナルを発してしまったら、もともとの刺激が何であったかは活動電位からは区別できない。

□ 全か無かの法則

神経への入力（感覚神経細胞の受容器電位）が一定の強さ（**閾値**）に達すると活動電位が発せられ、それ以下では発せられないこと。活動電位は非常に単調なもので、その強さを微妙に調節することはできない。これはイオン・チャネルの性質が細胞レベルに反映されたもの。

□ 頻度コード【重要】

感覚刺激の強さは、活動電位の頻度によってコードされていること。活動電位あたりの強さは一定でも、頻度を変えることによって刺激の強さへの対応が可能。刺激はいわばデジタル化されている。これに対して、受容器電位は刺激の量に応じて連続的な変化（アナログ性）を示す。

(9) 網膜の組織構造

□ 網膜

眼底を構成する神経細胞の膜。多数の神経細胞が存在する。光を受け取る光受容細胞は網膜の最も深部に位置する**桿体細胞**と**錐体細胞**。前者は明暗を、後者は色彩を感知する細胞。

□ 双極細胞

光受容細胞とシナプスを形成している網膜の細胞。双極細胞はさらに神経節細胞の樹状突起とシナプスを形成している。この細胞が高次の脳へと軸索を伸ばしている。さらに、光受容細胞の間は水平細胞でつながれており、双極細胞と神経節細胞にはアマクリン細胞がシナプスを形成している。

(10) 嗅上皮の組織・細胞レベルの構造

□ 嗅上皮

匂い物質の検知に関わる神経上皮。嗅上皮の表面は粘液で覆われており、その上を、空気中を漂う匂い物質が呼吸とともに通過する。そして、その匂い物質は嗅上皮によって「ある匂い物質がやってきた」という生物学的な情報に変換される。視覚系の第一段階として機能する網膜の複雑さに比べると、非常に単純な構造。

□ 嗅神経細胞（嗅細胞）

嗅上皮において、実際に匂いの感知に関わる神経細胞。嗅上皮には数種の細胞が存在するが、匂いの認知という意味で最も重要な細胞が嗅神経細胞。嗅神経細胞は嗅上皮の細胞の70％〜80％を占める。嗅上皮の表面に広がっている嗅神経細胞の繊毛の表面の膜に、匂いの認識に非常に重要な匂い受容体などの蛋白質が埋め込まれている。

(11) グリア細胞の存在

□ グリア細胞（神経膠細胞）

神経系一般に存在する、神経細胞のパートナーとしての細胞の総称。嗅上皮では支持細胞、網膜にではミューラー細胞がグリア細胞。神経細胞のためのイオン環境の調節などが主な役割であるとされている。神経細胞が機能するうえで非常に重要な蛋白質を分泌したり、神経細胞と直接的に物質をやりとりしたり、神経細胞の電気的活動を修飾したりと、非常に重要な機能が発見されてきている。

[コラム11] 偉人伝の研究

偉人伝の研究は、自分を高めるために大変重要です。自分を高めるためには、とりあえず「偉人」と呼ばれる人の人生について調べてみることをお勧めします。そして、賞賛すべき点ばかりでなく、批判すべき点についても考えてみることが大切です。

この本でも、生物学に大きく貢献した人々の名前がでてきます。ダーウィンとメンデルはもちろん、多くの人々の貢献により現代の生物学が成り立っていることがわかります。

偉人は、一般的には賞賛の対象となりますが（だからこそ「偉人」と呼ばれるわけですが）、すべての偉人が真の意味で優れているわけではありません。野口英世は、少なくとも日本では有名な「偉人」です。しかし、研究面では、現在ではほとんど見るべきものはないと言われています。小さな光学顕微鏡と培養技術だけから得られた細菌学のデータはその後のウイルス学によって大きく修正され、彼の論文はほとんど誤りであることがわかっています。私生活もかなり乱れた人だったようです。それでもノーベル賞候補になったのですから、そういう意味では、やはり「偉人」ですね。

第13講 進化──生物多様性と種分化

(1) 生物の本質としての種

□ 種の実在性

生物は種を単位として活動していること。分子や細胞の多様性の背後には、自然選択などの集団レベルに作用する力があり、その結果として種が実在する。すべての分子・細胞はある生物種に所属するため、集団レベルの自然選択の結果として生まれたものである。

(2) 生物の分類階級

□ 種分化

1つの祖先種が2つの種に分岐する過程。種はある祖先種からの分化以外(雑種形成など) でも生じるが、その場合でも種分化という言葉が用いられることが多い。その場合は種形成と呼ぶほうがより適切。

□ 分類階級

生物を階層構造に分けて分類した場合のそれぞれの階層。具体的には、**種→属→科→目→綱→門→界**のそれぞれを指す。たとえば、アカタテハと呼ばれるチョウは、アカタテハ→アカタテハ属→タテハチョウ科→鱗翅目→昆虫綱

→節足動物門→動物界という分類学的な位置づけになる。亜科や上科などのように、一般的に認められている主要な階級に上下を付けることも多い。

(3) 種の定義――ダーウィンの形態学的種概念

□ 形態学的種概念

形態学的な連続性が維持されている集団ではなく、形態学的な断続性（ギャップ）があり、中間的な形態を持つものがいない場合、種を定義できるとする概念。ダーウィンが提案した。ダーウィンの断続性の定義は、形態だけではなく、生態や遺伝などの面にも拡張することができる。ただし、ダーウィンは種を一般論として定義することを否定している。

(4) 交配を基準とした種の定義――マイアの生物学的種概念

□ 生物学的種概念【重要】

「種とは、他の集団から生殖的に隔離されている、実際に交配しているか交配可能な自然集団」というマイアによる種の定義。「生物学的」という表現は、種を形態だけから定義するのではないことを強調したもの。

□ 生殖的隔離【重要】

生物学的種概念の重要ポイントであり、進化の重要原理のひとつ。一義的には、交配が起こっても子孫を残せないということ。これを**配偶後隔離**と呼ぶ。生物学的種概念は種の隔離概念とも呼ばれる。

(5) 他の種概念の登場

□ 生態学的種概念

実際の種とは、同じ**生態的地位（ニッチ）**を占める集団であると定義する種概念。

□ 認知的種概念

すべての動物は互いに同種であるか異種であるかを見分けることができ、それによって交配を行うことを重視し、認知機構自体を種の定義とする概念。配偶後隔離を基本とするマイアの定義に対し、**配偶前隔離**を基本としている。

□ 進化的種概念

種の概念に時間軸を導入したもの。種は進化の産物であり、同一の歴史的運命をたどってきたものだという立場を強調した種の定義。しかし、このように長い時間軸などを取り入れているため、実際の研究には使いにくい。

□ 結合的種概念

さまざまな種概念を総合した種概念。この概念では、生態的・行動的・遺伝的・進化的な方法などさまざまな手段で集団としての結合を維持しているものが種であると定義される。

(6) 理想と現実――表現型・遺伝子型を用いる

□ 遺伝子型種概念

形態学的種概念の断続性の意味を拡大し、遺伝子型の断続性によって種を定義する種概念。断続性は、０か１かである必要はなく、統計的に一般的なクラスター解析などで分離できる集団であればよいとする。つまり、２集団の間にある程度の交配が起こることや、ある程度の形態の連続性があっても構わないということ。実際の研究への利用性を主体とした定義であり、種に関する一般的定義ではない。また、広義には、断続性が遺伝子型である必要性もない。時空を超えて一般論を展開しようとすると、種の実在性が崩れてしまうため、遺伝子型種概念では時空が限定されている。

(7) 種の隔離は完璧ではない

□ 姉妹種

同じ祖先種から分岐して進化し、形態的にも生態的にも非常に類似している２種。両種の分布が異なる場合でも、その境界上には**雑種地帯**（しばしば雑種個体がみられる地帯。混生地とも呼ぶ）がみれらることが多い。雑種地帯があっても（つまり、遺伝子の流動があっても）、それが拡張されることは多くなく、その両側の種は維持される。厳密な生物学的種概念を逸脱する例として重要。

(8) 種分化の種類――異所的種分化と同所的種分化

□ 異所的種分化【重要】

同一の祖先種からそれぞれの種が別の場所（異所）で形成される過程。祖先種の集団が天変地異などによって２つに分割されるのが種分化のきっかけとされる。地理的に隔離された２つの集団の間には、もはや遺伝子の交流はないため、それぞれの集団において偶然に生じた突然変異などが**自然選択**もしくは**遺伝的浮動**により集団内に広がる。そのように、２つの集団がそれぞれ別の運命をたどっていくと、それぞれの集団は、遺伝的分化の副産物として独自の生殖機構を発達させる。万が一、その後に２つの集団が接触したとしても、もはや互いに交配相手であると認められないほどに、あるいは、交尾器の形状が合致しないほどに変化してしまっている。ここに異所的種分化が成立したことになる。

□ 固有種

ある限定された地域のみに生息する種。オーストラリア大陸、マダガスカル島、沖縄島などの固有種が有名。地理的隔離による種分化の促進の好例。

□ 同所的種分化

地理的な隔離の力を借りずに生殖的隔離の仕組みを持つことで、同じ場所で起こる種分化。異所的種分化に対比される概念。

(9) 隔離と異所的種分化

□ 生殖隔離の強化

生殖的隔離が完全ではないときに2種が接触した場合、隔離機構を強化するようなメカニズムが急速に進化すること。地理的隔離によって最初は２集団が物理的に分けられていたとしても、その後に２集団の分布域が重なってくることも考えられる。その時点ですでに種分化が十分に進んでいれば、２種は同所的に存在することができる。しかし、種分化が十分に進んでいない場合、生殖隔離の強化が起こる。

(10) 部分的隔離による輪状種の存在

□ **地理的クライン**

ある生物の生息場所による連続的な形質の変化。地理的形質傾斜あるいは単にクラインとも呼ぶ。

□ **輪状種**

クラインを形成しつつ、リング状に分布を示す種。リングの両極を比較すると別種として考えなければならないほど異なっているが、クラインにより分布域に重なりを持つため、厳密な意味で別種とすることは困難。セグロカモメ類の例が有名。

(11) 昆虫の多様性と同所的種分化

□ **昆虫の同所的種分化【重要】**

昆虫において、同じ空間を共有しているとはいえ、生態的地位の違いのために2集団が隔離されることによって起こる種分化。単一植物を食する昆虫が多いため、ある種の樹木にはA種が、すぐ隣の別の種の樹木にはA種と類似したB種が存在することも決して稀ではない。このA種とB種は、過去に地理的に隔離されたのではなく、植物の種の嗜好性の違いによって別集団として隔離されたと考える。同じ場所とはいえ、微視的には2集団を分ける何らかの隔離機構が必要。

(12) 同所的種分化の例──サンザシミバエからリンゴミバエへの種分化

□ **サンザシミバエ**

同所的種分化の最初の例を提供した北米東海岸に分布するミバエの一種。このハエは同じく北米に自生するサンザシ(ホーソン)の果実の上あるいはその周辺だけで交配する。その後、果実に産卵し、幼虫は実を食べて成長する。

□ **リンゴミバエ**

北米のリンゴに取り付くミバエ。サンザシミバエとよく似ているが、生態的に棲み分けている。リンゴは19世紀に北米のハドソン川周辺に農作物として導入された。リンゴが北米に導入される前には存在しなかったリンゴミバエが、サンザシミバエから進化したと考えられる。

（13）染色体倍数化による種分化

□ タンポポの無性生殖

多くのタンポポが染色体の倍数化によって無性生殖をしていること。多くのタンポポは2セットではなく、3セットの染色体を持つ（3倍体、$3n$）。これでは減数分裂の際に染色体を均等に分配することができないため、半数体（n）の生殖細胞をつくることができない。卵細胞から減数分裂なしに種子ができ、その種子から生まれた個体は、親と遺伝的に同一のもの、つまり、**クローン**になる。タンポポにも有性生殖を行うものがあるため、無性生殖種は何かのきっかけで有性生殖の祖先種から生まれたと考えられる。マイアの種の定義では、クローン化が起こった瞬間に別種が形成されたことになる。

□ 隠蔽種

一見同種と思われるが、詳細な検討によって別種とされるもの。2種間で染色体数が異なるものが多い。形態的に酷似しており、生活史の詳細な調査で判明することが多い。

（14）染色体倍数化による種分化の過程

□ 染色体倍数化の過程

① たとえば、近縁種AAとBBについて考える。これらの雑種ABは基本的には不妊となるために、これらAAとBBは独立種を形成している。

② この雑種ABは相同染色体を持たないため減数分裂がうまくいかず不妊だが、決してすぐに死に絶えるというわけではない。植物は栄養繁殖などで生き延びることができる。

③ ここで、何らかのきっかけで染色体の倍化が起こると、倍化個体4倍体AABBは、相同染色体を持つようになるため不妊とならない可能性がある。ここに、4倍体AABBは祖先種AAやBBとは交配しない有性生殖可能な「新種」となる。祖先種であるAAやBBと受精しても、3倍体の個体ができてしまうため、不妊となる。つまり、生殖的隔離が成り立つ。

(15) 分子進化の中立説と分子系統解析

□ 遺伝的浮動

集団内の遺伝子構成が、偶発的に変動すること。小さな集団ほど、遺伝的浮動の影響が大きい。機能的に大きな変化をもたらさない突然変異は、集団内に偶然にいきわたり、固定されやすい。

□ 分子進化の中立説【重要】

蛋白質の機能に大きな変化をもたらさない中立的な突然変異は生存価について正でも負でもないため、自然選択圧と関わりなく、結果として集団内に広まっていくとする説。中立的な変化は一定の時間に一定の割合で起こることは十分に考えられる。中立説は「分子進化」であって、種分化過程と同一ではないことに注意。

□ 分子時計【重要】

一定の時間に一定の割合でDNAに中立的な変化が蓄積されることを前提とし、DNA配列の変化を時計とみなす概念。DNAの塩基配列を比較し、その比較しているDNAあるいは遺伝子（あるいは個体や種）がどのくらい類似しているかを定量的に打ち出すことで、分化がどの程度過去に起こったかを推測する。この方法により、化石記録からしかできなかった分岐年代推定が可能となった。

□ 分子系統樹

分子時計の概念をもとにして、ある遺伝子の配列の違いから作成された系統樹。多くの場合、形態系統樹と一致するが、一致しない場合もある。また、分子系統樹自体も、対象となる遺伝子や解析法によって異なった結果が得られるという問題点もある。

(16) 種分化の分子的基盤を求めて

□ 種分化メカニズムの一般論

すべての種分化現象が、自然選択と隔離によって起こったとする一般論。どのような場合であれ、何らかの隔離機構が働き、その隔離の程度に反比例して自然選択の力が働くとき、種分化が起こるとされる。しかし、これ以上の一般化は困難。

□ **表現型可塑性**

ある決まった遺伝子型を持つ集団において、個体差や環境からの影響の違いなどによって表れる表現型の変化。可塑性を持つ表現型のうち、ある特定の表現型が誇張された場合、それに対して自然選択や隔離が働くと進化の方向性を決める重要な役割を果たす。その場合、表現型可塑性は自然選択が作用すべき基盤を与える。

□ **エピジェネティクス**

DNA配列自体には影響を与えずに遺伝子機能を調節する仕組み、および、その研究分野。「エピ」とは後という意味の接頭語。「ジェネティクス」とは遺伝学を指す。表現型可塑性の研究はエピジュネティクスの一分野であるととらえることもできる。最近では、DNAのメチル化という獲得形質が遺伝することが知られており、環境条件や偶然性が進化に直接的な影響を与える可能性を再検討する必要性が出てきた。

［コラム12］少し早いですが、ご苦労さまでした（あとがきにかえて）

まだ第五部が残ってはいますが、とりあえずここまで読破できたなら、それは素晴らしいことです。教科書に限らず、ある本にじっくりと取り組むことなんて、実は人生の中でもそれほど多くの機会はないのですから。

私自身も、色々な仕事で目まぐるしい中、読むべき本も斜め読みになりがちになってしまいます。本にじっくり取り組むなんて、今は苦痛に感じるかもしれませんが、逆に言えば、それは大学でしか与えられない大切な機会なのです。

まだ2講分残っていますから少し早いですが、とりあえずはご苦労さまでした。

第 5 部

生物学の実験技術と現代社会

第14講 分子生物学と組換えDNA技術

(1) 方法論としての分子生物学の発展――組換えDNA技術革新

□ 組換えDNA技術

研究者が試験管内で任意のDNAを切ったりつないだりし、人工的に切り継ぎした遺伝子を作出すること。**分子クローニング**や**遺伝子操作**とも呼ばれる。分子生物学の方法論的基盤。1955年のコーンバーグによるDNAを複製する酵素である**DNAポリメラーゼ**の発見、1962年のアーバーによるDNAを特定の位置で切断する**制限酵素**の発見、ネイサンズとスミスによる制限酵素の利用などが、組換えDNA技術の確立に貢献した。

□ 方法論としての分子生物学

多様な生物世界を分子生物学の方法論を用いて切り開いて行こうという考え方。発生、分化、再生、進化、神経の機能などの現象も研究対象となる。分子生物学は、その初期にはすべての生物における共通原理あるいは単一性を求める学問分野として発展してきたが、近年の分子生物学はもはや生物の単一性ではなく多様性を研究対象としている。

(2) 制限酵素の発見

□ 制限酵素【重要】

細菌が感染したファージのDNAを切断し、感染を制限する酵素。DNAの特異的配列を認識し、特異的配列を切断する。制限酵素は慣例として、採取された細菌の学名の頭文字をとって命名される。さらにその後に系統名や番号が続く。(例) ***Eco* RI(エコアールワン)**:大腸菌*Escherichia coli*の系統RY13株から最初に採取された制限酵素。GAATTCというDNA配列を認識して切断する。

□ ゲル電気泳動法

切断されたDNAの断片をはじめとして、PCR産物など、DNAをサイズによって分ける方法。**アガロース・ゲル**あるいは**ポリアクリルアミド・ゲル**を用いる。電圧をかけると、DNAがゲルの中を泳動する。DNAは負に帯電しているため、正極に向かってゲルの中を泳いでいく。移動の際に抵抗があるため、長いDNA（分子量の大きいDNA）ほど遅く、短いDNA（分子量の小さいDNA）ほど早く泳動される。

(3) プラスミドへの挿入と形質転換

□ プラスミド【重要】

大腸菌などの細菌が持つ「動かせるDNA」。ゲノムのDNAとはまったく別物として存在する環状のDNA鎖。時に薬剤耐性や毒性に関する遺伝子をコードしている。プラスミドDNAの複製はゲノムDNAの複製とは独立に行われる。

□ ベクター

人工的な遺伝子組換えにおいてプラスミドのように、宿主に異種のDNAを運搬する役割を持つDNAの総称。たとえば、ヒトの遺伝子を直接大腸菌に入れても単に分解されるだけだが、ベクターにつなげたものを入れれば、大腸菌の中で安定に保持させることができる。

□ DNAリガーゼ

DNA断片の末端同士を共有結合させる酵素。細胞内では、DNA複製や修復の際に用いられる。DNAクローニングにおいて、別々のDNA断片をつなげるために用いられる。DNAリガーゼによって遂行される反応過程を**ライゲーション**と呼ぶ。

□ DNAクローニング【重要】

目的のDNA断片を**プラスミド**などの**ベクター**に挿入すること。プラスミドは細菌由来のDNAであるが、挿入DNAはどの種に由来したものでも構わない。操作手順を以下に示す。

① 精製したDNA（プラスミドへ挿入したいDNA）を制限酵素で切断し、精製しておく。たとえば、*Eco* RIで切断しておくとする。その断片の末端は粘着末端をつくり上げる。

② あらかじめ*Eco* RIで切断しておいたプラスミドと混ぜ合わせる。

③ 粘着末端同士で相補的塩基対を形成する。

④ **DNAリガーゼ**を加える。この酵素はDNAの鎖を共有結合で結合させる。この過程を**ライゲーション**と呼ぶ。

⑤ DNA組換えが試験管内で推進される確率は非常に低く、実際には、うまく組換えが行われた分子を選択し、それだけを増殖させる必要がある。そのために、DNAリガーゼで処理されたプラスミドとDNA断片の反応物全体を大腸菌に導入する。この過程を**形質転換**または**トランスフォーメーション**と呼ぶ。形質転換の確率も低い。

⑥ プラスミドにあらかじめ抗生物質耐性遺伝子を保持させておき、その抗生物質を入れた培地で形質転換した大腸菌を生育させると、適切に形質転換された大腸菌だけが生育してくる。さらに、プラスミドのDNA挿入部位を工夫することによって、適切にDNA断片が挿入されたプラスミドを保持する場合だけ大腸菌が生育してくるような条件を整えることも可能。

⑦ 選択的培地で生長したコロニーから得られた大腸菌を液体培地で増殖させ、プラスミドを精製する。このように、多くのものの中から欲しいものだけを選択してくることを、**スクリーニング**と呼ぶ。

⑧ プラスミドに実際に目的のDNAが挿入されているかどうか、**制限酵素処理**および**アガロース・ゲル電気泳動法**で調べる。

(4) DNA配列決定法

□ サンガー法【重要】

サンガーが開発したDNA配列決定法。**DNAポリメラーゼ**によってDNAを延長させていく際に、DNA合成の基質として単なるデオキシリボヌクレオチド三燐酸(dNTP)だけでなく、ジデオキシリボヌクレオチド三燐酸(ddNTP)をその中に混ぜておくことを基本とする方法。これらの4種類のddNTP(ddATP、ddTTP、ddGTP、ddCTP) はDNA合成の際にdNTPと区別なく取り込まれる。取り込まれると、その3'の位置には水酸基－OHが欠如しているため、さらなるヌクレオチドを取り込んで合成反応を続けることができない。偶発的に取り込まれたddNTPによって反応は停止する。停止された場所に何が取り込まれたかを電気泳動によって判別することで、配列情報を得る。

□ マキサム・ギルバート法

マキサムとギルバートによって開発されたDNA配列決定法。この方法はサンガーのようにDNA合成を基本とするのではなく、塩基特異的な化学的な分解を基本とする。現在ではすべての塩基配列決定はサンガー法を用いて行われている。

(5) 核酸のハイブリダイゼーション

□ DNAの熱変性

DNAのそれぞれの相補鎖が、95℃程度の熱で2本に分かれること。

□ ハイブリダイゼーション

核酸における相補鎖の結合。熱変性させたあとに徐々に温度を下げていくと、元の2本鎖の状態に戻る。このとき、ある配列に特異的な別のDNA断片を混ぜておくと、そのDNA断片は非常に数多くのDNA配列の中から特異的に相補的な結合ができる場所を探し出し、その特定の場所に結合（ハイブリダイゼーション）する。ほぼ同じ意味で、**アニーリング**という言葉も使用される。

□ サザン・ブロッティング

あるDNAサンプルの中に、特定のDNA配列が含まれているかどうかをハイブリダーゼーションの原理を用いて検証する方法。サザンが開発したため、この名がある。たとえば、ある生物のゲノムDNAサンプルに特定のDNA配列が存在するかどうかを以下の方法で調べることができる。

① ゲノムDNAを制限酵素で消化。
② アガロース・ゲルでDNA断片を分子量（長さ）にしたがって分離。
③ ゲル内で分離されたDNAをそのままナイロン膜やニトロセルロース膜に写し取る。この過程を**ブロッティング**と呼ぶ。
④ その膜を特定のDNA断片（**プローブ**）と一緒に混ぜ合わせる。そのDNA断片は膜表面のある特定の場所のDNAと**ハイブリダイゼーション**する。
⑤ DNA断片をあらかじめ放射性同位体などで**標識**しておけば、ハイブリダイゼーションを行った膜をX線フィルムに感光させることで、特定のDNA配列を持つゲノムDNAの存在とその配列が含まれる断片の長さを知ることができる。

□ ノザン・ブロッティング

組織から抽出したRNAを対象サンプルとして、サザン・ブロッティングと同じようなハイブリダイゼーションによる分析を行うこと。サザン・ブロッティングの改良であるため、「ノザン」と呼ばれる。ノザン・ブロッティングでは、たとえば、さまざまな組織からRNAが抽出され、それらがサンプルとして使用される。その場合、ある遺伝子に対応するDNAが**プローブ**として使用されるとすると、そのDNAの結合相手が存在する組織に、その遺伝子が発現していることが分かる。また、発現産物（mRNA）の大きさもわかる。

(6) ポリメラーゼ連鎖反応――PCR

□ DNAポリメラーゼ（DNA複製酵素）【重要】

DNA配列を複製する酵素。複製場所は短いDNA断片（**プライマー**）によって指定される。プライマーで任意の場所を指定してやれば、DNAポリメラーゼはその場所からDNA合成を始める。

□ 耐熱性DNAポリメラーゼ

温泉に生息する耐熱性細菌から得られる**DNAポリメラーゼ**。**PCR**において高熱にさらされても触媒機能を維持する。歴史的にみると、最初は*Thermus aquaticus*と呼ばれる細菌から得られ、このDNAポリメラーゼは、*Taq*（タック）ポリメラーゼと呼ばれる。現在ではさまざまな細菌から耐熱性DNAポリメラーゼが得られている。耐熱性DNAポリメラーゼはPCRの効率を劇的に改善した。

□ PCR（ポリメラーゼ連鎖反応）【重要】

非常に少数の特異的なDNA配列を、短時間のうちに試験管内で増幅させる方法。DNAポリメラーゼの機能を応用した技術。**プライマー**には15～30塩基程度のオリゴヌクレオチドを用いる。

□ PCRの手順【重要】

① 増幅すべき特定のDNAの配列の少なくとも一部は既知である必要がある。

② 既知の配列情報を使って、プライマーをデザインする。

③ そのデザインされた配列通りに人工的にDNAを合成し、プライマーを得る。

④ PCR反応液中には、鋳型となるDNA、プライマー、耐熱性DNAポリメラーゼ、dNTP（デオキシリボヌクレオチド三燐酸）を混ぜる。

⑤ 鋳型DNAを、最初の段階として94℃で30秒ほど熱変性させる。

⑥ その後すぐに特定の温度（たとえば60℃）まで冷却し、30秒ほど保持する。すると、その間にプライマーが特定のDNA配列を探し出して結合する。

⑦ その後すぐに、72℃へ変化させ、その状態で数分待つ。72℃というのは、耐熱性DNAポリメラーゼの至適温度で、この状態でDNA合成が起こる。

⑧ DNAポリメラーゼはプライマーの3'-OHにdNTPを付加していく。つまり、プライマーで指定された場所の配列のみが合成される。プライマーは合成方向が向き合うように２種類つくられており、このプライマーで挟まれた配列のみが増幅される。

⑨ DNA増幅後は、もう一度94℃へ戻し、同じような反応サイクルを30回ほど続ける。

⑩ 前のサイクルで生成したDNA断片が次のサイクルでの鋳型となるため、

標的のDNA断片は２の累乗で増幅される。１個の分子が、30回程度の連鎖反応で１億個以上にも増幅される。

□ **PCRの汎用性**

PCRは非常に感度がよく、かつ、簡便な方法であるため、ありとあらゆる分子生物学的手法に応用されうること。DNA配列の一部が既知であれば、どのような遺伝子でも簡単に増幅し、プラスミドにクローニングすることができる。微量のDNAサンプルから一部の配列を増幅することもできるため、博物館の標本や病理組織の標本、あるいは、犯罪現場の髪の毛など、貴重なサンプルすらPCRの対象となる。

(7) 遺伝子の機能解析

□ **機能付加実験**

ある遺伝子の機能を調べるために、ある実験系（たとえば、細胞培養系）に、対象となっている遺伝子を強制的に導入し、発現させること。すると、その培養細胞は新しく導入された遺伝子の機能を持つようになる。

□ **機能削除実験**

ある遺伝子の機能を調べるために、その遺伝子を発現しているある実験系において、その遺伝子発現を何らかの方法で抑制すること。その細胞は、その遺伝子の機能を失うため、表現型に異常が生じる。

□ **遺伝子ノックアウト**

機能削除実験の一種で、ゲノムの遺伝子に突然変異を導入して遺伝子を叩き壊すこと。遺伝子配列の完全な削除によって行なわれることも多い。これに対して、ゲノムの遺伝子配列はそのままで、RNAレベルで発現を抑制することを**ノックダウン**と呼ぶ。ノックダウンの方法としては**RNA干渉(RNAi)**が主流。

(8) 真核生物への遺伝子導入法

□ **シャトル・ベクター**

大腸菌において増幅可能であるだけでなく、真核生物の細胞内でも増殖できるプラスミド。シャトル・ベクターは、真核生物の細胞で働くプロモーターを備えている。そのプロモーターの下流にマウスの遺伝子を挿入し、哺乳類の培養細胞へとそのプラスミドを入れると、その培養細胞は挿入されたマウスの遺伝子を発現することができる。プロモーターを供えたベクターを一般に**発現ベクター**と呼ぶ。

□ 培養細胞

一般に、細胞株として確立された癌化した細胞。普通の正常細胞も培養することはできるが、長期的に分裂させ、その系統を維持していくことはできない。培養細胞は遺伝子の機能解析には便利であるが、癌化した細胞なので、正常組織の正常細胞の中で本当に何が起こっているかを知りたい生物学者にとっては、培養細胞を用いた研究には不満が残ることがある。

□ トランスフェクション

培養細胞にプラスミドを導入すること。発現ベクターを導入することで、発現された遺伝子の機能を調べることができる。これに対して、細菌へとプラスミドを導入する過程は**形質転換（トランスフォーメーション）**と呼んで区別される。

□ 外来遺伝子導入法

生きた生物の特定の組織に外部から遺伝子を導入する方法。遺伝子の機能付加実験の方法論。遺伝子の機能をより自然な状態で調べることができる。ウイルス・ベクターを用いるのが一般的。たとえば、アデノウイルスは、神経細胞をはじめ、さまざまな細胞に感染する。感染後、ウイルスの遺伝子は感染細胞へと放出される。この現象を利用し、ウイルスの遺伝子の一部に目的の遺伝子を挿入しておけば、ウイルスの遺伝子と一緒に目的の遺伝子を特定の細胞に送り届けることができる。アデノウイルス、レトロウイルス、ヘルペスウイルスなど、多彩なウイルスがこの目的で加工され、ベクターとして開発されている。

(9) 遺伝子操作動物の作製

□ トランスジェニック法

外来の遺伝子をプロモーター付きの状態でゲノム中に挿入する簡便な方法。この操作で作製されたマウスを**トランスジェニック・マウス**と呼ぶ。トランスジェニック・マウスの作製の際には、卵細胞へ特定のDNAをマイクロインジェクションし、それをメスのマウスの子宮に戻す操作を繰り返す。すると、いくつかの個体では、ゲノムにDNAが挿入された状態で発生する。そして、そのマウスの表現型を調べることで、注入した遺伝子の機能を組織・個体レベルで調べることができる。ただし、トランスジェニック・マウスでは、ゲノムのどの位置にその遺伝子が挿入されるかは不明。挿入位置によっては本来のゲノムの遺伝子調節を狂わせる。また、付属させるプロモーターも人為的なことが多く、発生過程において多くの細胞でその遺伝子が非特異的に活性化された可能性もある。

□ 遺伝子ターゲッティング法【重要】

ゲノムの特定の位置の特定の遺伝子を的確に操作する方法。この方法では、特定の遺伝子を叩き壊す**ノックアウト**や、ゲノムの特定の位置に任意の遺伝子配列を挿入する**ノックイン**が可能。そのようにして作製された**ノックアウト・マウス**や**ノックイン・マウス**では、基本的にゲノム上の特定の位置のみが操作されているため、その操作の結果として異常な表現型が現われたと解釈することができる。

□ Pエレメント

ショウジョウバエにおいてトランスジェニック個体をつくるために用いられる「動くDNA」。**トランスポゾン**（転移性因子）の一種。Pエレメントに挿入された遺伝子を卵細胞にマイクロインジェクションすることにより、ゲノム中に挿入することができる。

(10) 緑色蛍光蛋白質とイメージング技術の進歩

□ マーカー

任意の遺伝子の発現の指標として使用される遺伝子あるいは蛋白質。緑色蛍光蛋白質やβ-ガラクトシダーゼが代表例。

□ 緑色蛍光蛋白質（GFP）【重要】

特定の波長の青い光を照射すると緑色の蛍光を放つ蛋白質。もともとオワンクラゲが持っているもの。緑色蛍光蛋白質が蛍光を発するためには、補助物質は必要ない。生きた生物の中で蛍光を放つことができるため、細胞を殺してしまう必要はない。蛍光顕微鏡で観察するだけで、緑色蛍光蛋白質の存在の有無が判定できる。たとえば、緑色蛍光蛋白質の遺伝子を他の遺伝子に融合させて発現させると、蛍光によって生きた細胞の中での分子の動きを追うことができる。

□ β-ガラクトシダーゼ【重要】

緑色蛍光蛋白質の実用化（1990年代）以前に汎用されていたマーカー遺伝子*lac Z*がコードする蛋白質。この遺伝子は大腸菌のラクトース・オペロンの構成遺伝子。この遺伝子の活性を調べるには、ガラクトースの分解がこの酵素により触媒されるかどうかを検討すればよい。ガラクトースの類似体であるX-gal（エックス・ギャル）と呼ばれる物質を基質として用いれば、その分解産物は不溶性となり、青色を呈するようになる。このようにして色の程度で酵素活性を定量化することができる。しかし、この酵素反応を生きた生物でリアル・タイムに検出することはできない。

□ バイオイメージング

緑色蛍光蛋白質や蛍光色素を巧みに利用して細胞内の生理状態を時間・空間分解能の高い蛍光顕微鏡で観察する技術。たとえば、生理的に重要な働きを示すカルシウムの動態や膜電位の変化などを細胞の蛍光レベルの変化として動画で捕らえると同時に定量的に分析することが可能。リアル・タイムで生きた細胞内での分子の動態を観察することが可能となる。現在では、緑色蛍光蛋白質と類似の蛍光蛋白質がサンゴなどの海産生物から単離され、緑色だけでなく、赤色や青色の蛍光を発するものが知られている。これらを同時に使用すれば、単一の細胞の中で数種類の分子の動きを同時に追うことができる。

第15講 組換え技術の社会的利用

(1) 思想なき現代社会

□ 分子生物学技術の進歩

DNAの人工操作を主体とした技術革新のこと。20世紀後半のわれわれの世界観をゆるがせてきた。このようなDNAの操作ばかりでなく、医療技術の精密化と歩調を合わせ、いわゆる生命操作技術は大きくマスコミで取り上げられるが、多くの誤解をはらんでいる。技術的進歩に思想が追いつかないのが現代社会の特徴の一つ。

□ 生命倫理学

現代医学・生物学が発明した技術をどのように社会の倫理と整合性を保ちながら使用していくべきかを考える学問分野。技術否定ではなく、技術の使用を大前提としていることが問題点。また、そのような技術は金銭的に裕福な人びとのみが使用可能であるため、「金持ちの倫理学」とも批判される。

(2) 分子生物学の発展と組換え技術の社会的応用

□ 遺伝子組換え技術の応用

代表的な応用分野は農業分野と医療分野。短期的な経済的効果が期待できるため、社会的な悪影響を考慮せずに利潤のために使用されがち。そのため、潜在的な危険は大きい。

(3) 組換え実験の規制

□ アシロマ会議

遺伝子組換え技術によって新生物が環境へと放出された場合、地域生態系が乱されるばかりでなく、生物界全体に取り返しのつかない悪影響が及ぼされる危険性を考慮し、1975年、カリフォルニア州のアシロマで行なわれた組換え実験の規制に関する会議。

□ 遺伝子組換えの実験指針

アシロマ会議の成果として、1976年、アメリカの国立衛生研究所（NIH）より発表された安全指針。この実験指針では、組換え生物を外部へと放出しないための方策が提言された。

□ 物理的封じ込め【重要】

遺伝子組換えの実験指針で提言された封じ込め方策の一つ。実験室を遮断し、内部実験生物が外部環境へと漏れ出さないようにする工夫。具体的には、ドアを確実に取り付ける、必要ならば、二重のドアにする、安全キャビネットを取り付ける、空気フィルターを取り付けるなど。P1、P2、P3とレベルに応じて呼び分けられている。

□ 生物学的封じ込め

遺伝子組換えの実験指針で提言された封じ込め方策の一つ。万が一、組換え生物が外部に漏れた場合でも、外部環境では生きていけないように改良された生物を実験に用いること。たとえば、大腸菌では、DNA修復に関する遺伝子に突然変異が入っており、紫外線照射に弱い細菌などを使用することがこれに当たる。B1、B2、B3とレベルに応じて呼び分けられている。

□ カルタヘナ議定書【重要】

コロンビアのカルタヘナにおいて2000年に作成された遺伝子組換え生物の取扱いに関する国際的な文書。正確には「生物の多様性に関する条約のバイオセーフティに関するカルタヘナ議定書」と呼ばれる。2003年、この議定書が発効し、日本もこの議定書に従う。つまり、国際的に一本化された議定書のもとに組換え実験の取り扱いが行われることになった。

(4) 分子病の概念——鎌状赤血球貧血症

□ 鎌状赤血球貧血症【重要】

赤血球が鎌状に変形していることで発症する貧血症。赤血球は正常な状態では扁平な円形だが、鎌状に変形してしまうと、酸素の供給が非効率的になり、患者は貧血症状を起こす。

□ 分子病【重要】

分子レベルの異常が原因で発症していると考えられる病気。鎌状赤血球貧血症において、最初に示された。鎌状赤血球貧血症の患者では、正常型ヘモグロビンのグルタミン酸がバリンに置き換わっている。患者のヘモグロビンはそれ以外はまったく正常。つまり、ヘモグロビン分子の１つのアミノ酸に異常が起こったことが病気の直接的な原因とされる。さらに研究を進めると、異常なアミノ酸に対応する遺伝子上の１つの塩基の置換が、アミノ酸置換の原因であることが判明。点突然変異が病気の還元論的な原因であるとされる。

(5) 遺伝子治療

□ アデノシンデアミナーゼ欠損症【重要】

アデノシンデアミナーゼという生体に必須の酵素をつくる遺伝子が欠損した病気。リンパ球（B細胞およびT細胞）の正常な発生に支障をきたす結果、ひどい免疫不全症となる。1990年、アメリカにおいて遺伝子治療が適応され、成功したことで有名。アデノシンデアミナーゼ欠損症の患者から血液細胞を取り出し、アデノウイルス・ベクターによって遺伝子を導入し、その細胞を患者の体内に戻すことで、遺伝子治療が行われた。遺伝子治療は「成功」したが、患者にとっての成功ではないことは明らか。

□ アデノウイルス・ベクター

外来遺伝子導入法に用いられるベクター。アデノウイルスはヒトの細胞に感染し、遺伝子を感染細胞内に放出し、その遺伝子が発現される。ウイルス自体の遺伝子をあらかじめ不活性化しておけば、ウイルスはただの遺伝子の運搬体、つまり、**ベクター**として機能する。

(6) 原因特定は治療には結びつかない

□ 医療と科学の関係

医療は科学的側面を持つが、科学は医療の手段にすぎないという関係。医療は科学そのものではない。非科学的な治療法が患者の幸福につながるのなら、非科学的な方法が選ばれるべき。医療では常に個体全体としての患者の利益を最大限にすることが求められる。

(7) 現代医学に対する幻想と新薬開発

□ 新薬開発

市場に出回る新しい治療薬を開発すること。これまでの新薬開発は、民間療法などの経験に基づく場合がほとんど。最近では、蛋白質の立体構造を決定し、その立体構造にはまり込むような薬物をデザインすることが現実のものになってきた。これは理知的薬物デザインと呼ばれる。

□ 証拠に基づいた医学

現代医学の大部分は科学的証拠に基づいたものではなく、経験に基づいたものがほとんどであるという事実のもとに、これからの医学のありかたとして提唱されているもの。

(8) 遺伝子診断と犯罪捜査

□ 遺伝子診断

DNAの配列情報を何らかの診断に用いること。ただし、診断基準は明確でない。その特定の原因遺伝子がたとえ異常であったとしても、絶対的に病気になるというわけではない。出生前の遺伝子診断を根拠に堕胎する場合は、その胎児の人権問題となる。

□ DNAフィンガープリント

ハイブリダイゼーション法やPCR法を用いて比較検討することができる、

DNAの個人差の大きい部分のパターン。「DNAの指紋」という意味。たとえば、容疑者のDNAと犯行現場の残留DNAの配列を照合させることによって、犯人特定の根拠にすることができる。

(9) 遺伝子組換え食品への応用

□ 除草剤耐性遺伝子の導入

特定の除草剤に耐性を持つような遺伝子を植物体に持たせること。除草剤耐性遺伝子を持つ作物は特定の除草剤とともに販売される。従来の農業に比べて収量が減ることや、種子自体が高価であること、除草剤が効かない雑草の出現、環境問題への懸念など、多くの問題が浮上。

□ 遺伝子組換え食品

遺伝子組換え生物を用いた食品。その安全性を本当の意味で科学的に立証することはできない。「人体への安全性」を「科学的に」議論したいのならば、ある程度人為的な「安全基準」を設けて、その基準を満たしているかどうか議論する以外に方法はないが、その基準には科学的根拠はない。そもそも非科学的な対象に科学を押し込めようとする行為自体が、遺伝子組換え食品論争の水掛け論の原因。

(10) 緑の革命の真実

□ 緑の革命

第二次世界大戦中に推進された食糧増産計画。細胞融合によって開発されたハイブリッド種子の市場拡大活動。ハイブリッド種子には自己再生能力がないため、農家は種子を種子会社から毎年、購入しなければならない。ハイブリッド種子は特許化されているため、特定の会社からの購入が必要。インドの貧困化をもたらした。

用語リスト（掲載順）

《第１講》
科学（哲学的定義） …… 8
不確定性原理 …… 8
実験系の限定【重要】 …… 8
客観性 …… 9
再現性 …… 9
還元論【重要】 …… 9
階層構造 …… 9
階層原理 …… 9
単一性 …… 10
多様性 …… 10
WHATの研究 …… 10
HOWの研究 …… 10
WHYの研究 …… 10
絶対的真理 …… 10
批判的思考 …… 11
正当化 …… 11
科学（社会学的定義） …… 11
仮説 …… 11
インパクト・ファクター …… 11

《第２講》
実学 …… 12
虚学 …… 12
自然科学 …… 12
摩訶不思議性 …… 12
生物学 …… 13
理解のタマネギ構造 …… 13
神の意図 …… 13
神秘主義 …… 13
ケプラーの法則 …… 14
ニュートン …… 14
万有引力の法則 …… 14
博物学 …… 14
二名法 …… 14
学名【重要】 …… 14
聖書の世界観 …… 15
ダーウィン …… 15
自然選択（自然淘汰） …… 15
獲得形質 …… 15
用不用説 …… 15
自然選択説【重要】 …… 16
突然変異遺伝子【重要】 …… 16
種分化 …… 16
メンデル …… 16
遺伝子（遺伝学的定義） …… 17
染色体（細胞学的定義） …… 17
相同染色体 …… 17
対立遺伝子 …… 17
二倍体 …… 17
体細胞分裂 …… 17
半数体 …… 17
減数分裂【重要】 …… 17
単位形質【重要】 …… 18
対立形質 …… 18
量的形質 …… 18
表現型 …… 18
遺伝子型 …… 18
分離の法則 …… 18
独立の法則 …… 19
連鎖 …… 19
優劣（優性）の法則 …… 19
優性遺伝子 …… 19
劣性遺伝子 …… 19

《第３講》
化学 …… 22
歴史性 …… 22

生気 …… 23
機械論 …… 23
尿素の有機合成 …… 23
ウレアーゼの結晶化 …… 23
インスリンのアミノ酸配列決定 …… 23
二重らせん構造モデル【重要】…… 23
構造生物学 …… 24
生体を構成する元素 …… 24
水 …… 24
極性 …… 24
水素結合【重要】…… 24
水和 …… 24
疎水相互作用 …… 25
水のイオン化 …… 25
低分子量有機化合物 …… 25
糖質 …… 25
脂質 …… 25
脂肪酸 …… 25
燐脂質【重要】…… 25
ステロイド …… 26
アミノ酸【重要】…… 26
ヌクレオチド【重要】…… 26
ポリマー …… 26
巨大分子 …… 26
遺伝子 …… 27
DNA(デオキシリボ核酸)の構造【重要】… 27
RNA(リボ核酸)の構造【重要】 …… 28
不斉炭素原子 …… 28
ペプチド結合【重要】…… 28
蛋白質【重要】…… 29
共有結合【重要】…… 29
原子価 …… 29
最外殻電子 …… 29
電気陰性度【重要】…… 29
電気陰性度の高い原子【重要】…… 30
官能基 …… 30
イオン結合 …… 30
波動方程式 …… 30
原子軌道 …… 30
量子数 …… 31
主量子数 …… 31
方位量子数 …… 31
磁気量子数 …… 31
スピン量子数 …… 32
電子配置 …… 32
結合性軌道 …… 32
混成軌道(炭素原子) …… 32
非共有結合【重要】…… 33
イオン結合 …… 33
水素結合【重要】…… 33
疎水相互作用 …… 33
ファンデルワールス相互作用 …… 33
水の電離式 …… 34
pH(ピーエイチ) …… 34
酸性・塩基性 …… 34
特異的相互作用【重要】…… 34

《第４講》

エントロピー …… 35
エントロピー増大の法則【重要】…… 35
光合成 …… 35
呼吸 …… 36
エネルギー保存則【重要】…… 36
エネルギー形態 …… 36
自由エネルギー変化ΔG【重要】…… 37
ΔGとモル濃度の関係 …… 37
反応速度 …… 38
触媒作用 …… 38
共役【重要】…… 38
活性化エネルギー …… 39
解糖系 …… 39
TCAサイクル(クエン酸サイクル) …… 39
ATP(アデノシン三燐酸)【重要】…… 39
高エネルギー燐酸結合 …… 40

酸化 …………………………………… 40
還元 …………………………………… 40
酸化還元反応 ……………………………… 40
NADH …………………………………… 41
酸化的燐酸化 ……………………………… 41
呼吸鎖 …………………………………… 41
酸化的燐酸化のメカニズム【重要】…… 41
化学浸透圧説 ……………………………… 42
アルコール発酵 …………………………… 42
乳酸経路 ………………………………… 42

《第５講》
分子間の特異的相互作用と膜による仕切り
【重要】 ………………………………… 44
分子の熱運動 ……………………………… 44
親和性(アフィニティー) ………………… 44
平衡状態【重要】………………………… 45
反応速度 ………………………………… 45
平衡定数K_a ……………………………… 45
ル・シャトリエの法則(平衡移動の法則)… 45
λ(ラムダ)リプレッサー（平衡移動の
法則の利用例）…………………………… 46
会合定数(結合定数) ……………………… 46
解離定数 ………………………………… 46
細胞膜の構造【重要】…………………… 47
輸送体 …………………………………… 47
細胞内外のイオン分布 …………………… 47
イオン・ポンプ …………………………… 47
化学進化 ………………………………… 48
原始スープ ……………………………… 48
触媒機能分子 ……………………………… 48
RNAワールド …………………………… 48
リボザイム ……………………………… 48
生物の大分類(原核生物と真核生物)
【重要】 ………………………………… 48
細胞内共生説【重要】…………………… 48
細胞内小器官(オルガネラ) ……………… 49
真核細胞の膜構造 ………………………… 49
膜電位【重要】…………………………… 49
静止電位（静止膜電位）………………… 49
膜電位発生の思考実験【重要】………… 49
反応拡散系 ……………………………… 50
反応拡散系のメカニズム ………………… 50

《第６講》
概念的相違点(分子生物学と生化学) … 54
実験手法の相違点(分子生物学と生化学)
……………………………………… 54
染色体 …………………………………… 54
遺伝物質 ………………………………… 55
DNAポリメラーゼ(DNA複製酵素)
【重要】 ………………………………… 55
蛋白質【重要】…………………………… 55
アミノ酸配列 ……………………………… 55
転写【重要】……………………………… 55
RNAポリメラーゼ【重要】 …………… 55
遺伝情報 ………………………………… 55
リボソーム ……………………………… 56
tRNA(トランスファーRNA) ………… 56
翻訳【重要】……………………………… 56
遺伝暗号【重要】………………………… 56
開始コドン ……………………………… 56
終止コドン ……………………………… 56
ヌクレイン ……………………………… 57
テトラヌクレオチド仮説 ………………… 57
細菌の単離【重要】……………………… 57
肺炎双球菌のコロニー形態 ……………… 57
肺炎双球菌の形質転換実験【重要】…… 58
肺炎双球菌の遺伝物質の同定実験 …… 58
大腸菌 …………………………………… 58
バクテリオファージ ……………………… 58
ブレンダー実験 …………………………… 58
シャルガフ則 ……………………………… 59
二重らせん構造の提唱【重要】………… 59

セントラル・ドグマ【重要】…………… 59

《第７講》
ゲノムの単一性と細胞の多様性 ……… 60
遺伝子発現【重要】……………………… 60
ラクトース消費への切り替え …………… 60
オペロン ………………………………… 61
オペロン説 ……………………………… 61
構造遺伝子 ……………………………… 61
調節遺伝子 ……………………………… 61
プロモーター配列【重要】……………… 61
オペレーター配列【重要】……………… 61
ラクトース・オペロンの構造遺伝子…… 62
ラクトース・オペロンの調節遺伝子…… 62
CAP結合部位 …………………………… 62
グルコースが存在するとき【重要】…… 62
ラクトースのみが存在するとき【重要】… 62
λファージ ……………………………… 63
溶菌サイクル …………………………… 63
溶原サイクル …………………………… 63
溶菌・溶原サイクルの決定【重要】 …… 63
λリプレッサー蛋白質 ………………… 63
Cro(クロ)蛋白質……………………… 64
λファージの溶菌・溶原オペロン ……… 64
λリプレッサーのオペレーターへの
結合過程 ………………………………… 64
Cro蛋白質のオペレーターへの結合過程… 64
転写因子 ………………………………… 65
一遺伝子一mRNA ……………………… 65
イントロン【重要】……………………… 65
スプライシング【重要】………………… 65
ジャンクDNA …………………………… 65
エンハンサー …………………………… 65
RNA干渉(RNAi) ……………………… 66
桿体細胞と錐体細胞 …………………… 66
オプシン ………………………………… 66
グリーン、レッド、ブルーの染色体上の
関係 ……………………………………… 66
光受容体の発現調節モデル …………… 66
匂い受容体 ……………………………… 66
一細胞一受容体 ………………………… 67
対立遺伝子排除(対立遺伝子阻害) …… 67

《第８講》
蛋白質の動的機能 ……………………… 68
蛋白質の機能を構造から観る考え方 … 68
生体蛋白質を構成するアミノ酸 ……… 68
極性のない単純アミノ酸 ……………… 69
極性のないイミノ酸 …………………… 69
極性がなく、芳香族炭化水素を含む
アミノ酸 ………………………………… 69
極性が硫黄原子を含むアミノ酸【重要】… 69
極性〔水酸基〕を持つアミノ酸【重要】 … 69
極性〔アミド基〕を持つアミノ酸 ……… 70
酸性アミノ酸 …………………………… 70
塩基性アミノ酸 ………………………… 70
ペプチド結合【重要】…………………… 70
折り畳み ………………………………… 71
折り畳み実験【重要】…………………… 71
分子シャペロン ………………………… 71
X線結晶解析 …………………………… 71
蛋白質の１次構造 ……………………… 71
蛋白質の２次構造 ……………………… 72
α(アルファ)ヘリックス【重要】 ……… 72
β(ベータ)ストランド【重要】………… 72
ドメイン ………………………………… 72
蛋白質の３次構造 ……………………… 72
蛋白質の４次構造 ……………………… 72
モチーフ ………………………………… 72
モジュール ……………………………… 73
変性 ……………………………………… 73
基質特異性【重要】……………………… 73
鍵と鍵穴説【重要】……………………… 73
リボザイム ……………………………… 73

反応中間体による触媒活性 …………… 74
酸塩基同時触媒 ……………………… 74
ヘキソキナーゼ ……………………… 74
ヘキソキナーゼの立体構造変化 ……… 74
適合誘導 ……………………………… 75
アロステリック制御【重要】 ………… 75
アロステリック部位【重要】 ………… 75
負のフィードバック制御 …………… 75
蛋白質燐酸化【重要】………………… 75
蛋白質キナーゼ(プロテイン・キナーゼ)
【重要】 …………………………… 76
蛋白質フォスファターゼ(プロテイン・
フォスファターゼ) ………………… 76
GTP結合蛋白質(G蛋白質) ………… 76
小型G蛋白質 ………………………… 76
三量体G蛋白質 ……………………… 76
プロテアソーム ……………………… 77
ユビキチン …………………………… 77

《第９講》
細胞間コミュニケーションによる統合 … 80
ホルモン ……………………………… 80
神経伝達物質 ………………………… 80
成長因子 ……………………………… 81
受容体【重要】………………………… 81
リガンド ……………………………… 81
膜貫通型受容体と細胞内受容体 ……… 81
イオン透過型受容体 ………………… 81
代謝型受容体 ………………………… 82
酵素連結型受容体 …………………… 82
G蛋白質共役受容体(GPCR)【重要】 … 82
第二メッセンジャー ………………… 82
G蛋白質共役受容体のリガンド ……… 82
オーファン受容体 …………………… 82
エフェクター分子 …………………… 83
アデニル酸シクラーゼ【重要】………… 83
ニコチン性アセチルコリン受容体 …… 83
ムスカリン性アセチルコリン受容体 … 83
G蛋白質共役受容体の汎用性 ………… 83
匂い物質の受容過程【重要】…………… 84
桿体細胞 ……………………………… 85
錐体細胞 ……………………………… 85
ロドプシン【重要】…………………… 85
暗状態での光受容細胞 ……………… 85
光受容の過程 ………………………… 86
ステロイド・ホルモン ……………… 86
熱ショック蛋白質 …………………… 86
グルココルチコイドの細胞内情報伝達
経路 ……………………………… 86
蛋白質チロシン・キナーゼ …………… 87
上皮成長因子(EGF) ………………… 87
上皮成長因子によって開始される細胞内
情報伝達経路 …………………… 87
原癌遺伝子【重要】…………………… 88
分子間相互作用の総体としての生命 … 88
クロス・トーク ……………………… 88

《第10講》
発生学 ………………………………… 89
発生運命の決定 ……………………… 89
オーガナイザー（形成体）【重要】 …… 89
モルフォゲン【重要】………………… 90
分化【重要】…………………………… 90
ハウスキーピング遺伝子 …………… 90
成虫原基 ……………………………… 90
カナライゼーション ………………… 90
個体再生実験(植物) ………………… 90
個体再生実験(動物) ………………… 90
胞胚 …………………………………… 91
原腸胚(嚢胚) ………………………… 91
原口背唇部 …………………………… 91
外胚葉 ………………………………… 92
中胚葉 ………………………………… 92
内胚葉 ………………………………… 92

シュペーマンとマンゴールドの実験【重要】…… 92
閾値(発生分化)【重要】…… 92
位置情報 …… 93
モルフォゲン濃度勾配モデル【重要】… 93
ツールキット遺伝子群(遺伝的ツールキット)【重要】…… 93
細胞の分化運命決定の実験 …… 94
ノギンとコーディン …… 94
骨形成蛋白質(BMP) …… 94
哺育細胞 …… 95
母性効果 …… 95
ビコイド【重要】…… 95
ビコイドの作用機序 …… 95
ホメオティック変異(ホメオシス) …… 96
バイソラックス …… 96
アンテナペディア …… 96
ホメオティック遺伝子群【重要】…… 96
セレクター遺伝子 …… 97
ベスティジアルとスカロップト …… 97
エングレイルド …… 97
アプテラス …… 97
ショウジョウバエの翅原基 …… 97
前後軸の位置情報 …… 98
シスエレメント …… 99
昆虫 …… 99
翅の発明 …… 99
完全変態 …… 99
ウルトラバイソラックス遺伝子の発現 … 99
鱗粉 …… 100
構造色 …… 100
鱗粉細胞の運命決定過程 …… 100
眼状紋 …… 100
眼状紋焦点の決定過程 …… 100
コオプション …… 101
シスエレメントの変化 …… 101
モルフォゲン調節 …… 101
ヘテロクロニー(異時性) …… 101
ホルモンによる制御 …… 102
雌雄モザイク …… 102

《第11講》
リアル・タイムのダイナミクス …… 103
免疫学の歴史的背景 …… 103
マクロファージ【重要】…… 103
先天免疫系【重要】…… 104
適応免疫系【重要】…… 104
B細胞【重要】…… 104
抗原 …… 104
抗体【重要】…… 104
抗原抗体反応 …… 104
抗体の構造【重要】…… 105
凝集反応 …… 105
F_{ab}フラグメントとF_cフラグメント … 105
免疫グロブリン・ドメイン …… 105
可変領域 …… 105
抗原決定基(エピトープ) …… 105
免疫グロブリン・クラス …… 106
クラス・スイッチ(クラス転換) …… 106
オプソニン化 …… 106
補体系 …… 106
補体系の作用機序 …… 106
アナフィラトキシン …… 107
F_c受容体を持つ細胞群 …… 107
B細胞受容体【重要】…… 107
クローン選択説【重要】…… 108
体細胞組換え【重要】…… 108
体細胞超突然変異 …… 108
禁止クローン …… 109
記憶細胞 …… 109
CD …… 109
ナイーブB細胞 …… 109
ナイーブB細胞活性化の過程 …… 109
T細胞 …… 110

T細胞受容体 ………………………… 110
抗原提示【重要】 …………………… 110
抗原提示細胞 ………………………… 110
ヘルパーT細胞【重要】 ……………… 110
主要組織適合性遺伝子複合体(MHC)
【重要】 ………………………………… 111
二次リンパ器官 ……………………… 111
細胞傷害性T細胞(キラーT細胞) …… 111
アポトーシス【重要】 ……………… 111
インターロイキン2(IL2) ………… 112
自己 …………………………………… 112
免疫寛容 ……………………………… 112
サプレッサーT細胞 ………………… 112
自己免疫疾患 ………………………… 112

《第12講》
自律神経系 …………………………… 113
神経分泌細胞 ………………………… 113
感覚系 ………………………………… 113
環境世界 ……………………………… 114
フェロモン【重要】 ………………… 114
嗅覚系 ………………………………… 114
受容特異性【重要】 ………………… 114
神経細胞 ……………………………… 115
細胞体 ………………………………… 115
樹状突起 ……………………………… 115
軸索 …………………………………… 115
受容器電位 …………………………… 115
活動電位 ……………………………… 115
脱分極 ………………………………… 115
電位依存性ナトリウム・チャネル …… 115
電位依存性カリウム・チャネル ……… 116
閾値(神経細胞)【重要】 …………… 116
活動電位の発生機構【重要】 ……… 116
不応期 ………………………………… 116
ナトリウム・ポンプ ………………… 117
シナプス ……………………………… 117
神経伝達物質【重要】 ……………… 117
シナプス小胞 ………………………… 117
ギャップ結合 ………………………… 117
電気シナプス ………………………… 118
神経筋接合部 ………………………… 118
神経ペプチド ………………………… 118
電気的シグナルへの変換 …………… 118
全か無かの法則 ……………………… 119
頻度コード【重要】 ………………… 119
網膜 …………………………………… 119
双極細胞 ……………………………… 119
嗅上皮 ………………………………… 119
嗅神経細胞(嗅細胞) ……………… 120
グリア細胞(神経膠細胞) …………… 120

《第13講》
種の実在性 …………………………… 121
種分化 ………………………………… 121
分類階級 ……………………………… 121
形態学的種概念【重要】 …………… 122
生物学的種概念【重要】 …………… 122
生殖的隔離【重要】 ………………… 122
生態学的種概念 ……………………… 122
認知的種概念 ………………………… 122
進化的種概念 ………………………… 123
結合的種概念 ………………………… 123
遺伝子型種概念 ……………………… 123
姉妹種 ………………………………… 123
異所的種分化【重要】 ……………… 124
固有種 ………………………………… 124
同所的種分化 ………………………… 124
生殖隔離の強化 ……………………… 124
地理的クライン ……………………… 125
輪状種 ………………………………… 125
昆虫の同所的種分化【重要】 ……… 125
サンザシミバエ ……………………… 125
リンゴミバエ ………………………… 125

タンポポの無性生殖 …… 126
隠蔽種 …… 126
染色体倍数化の過程 …… 126
遺伝的浮動 …… 126
分子進化の中立説【重要】 …… 126
分子時計【重要】 …… 127
分子系統樹 …… 127
種分化メカニズムの一般論 …… 127
表現型可塑性 …… 128
エピジェネティクス …… 128

《第14講》
組換えDNA技術 …… 130
方法論としての分子生物学 …… 130
制限酵素【重要】 …… 131
ゲル電気泳動法 …… 131
プラスミド【重要】 …… 131
ベクター …… 131
DNAリガーゼ …… 131
DNAクローニング【重要】 …… 132
サンガー法【重要】 …… 133
マキサム・ギルバート法 …… 133
DNAの熱変性 …… 133
ハイブリダイゼーション …… 133
サザン・ブロッティング …… 133
ノザン・ブロッティング …… 133
DNAポリメラーゼ(DNA複製酵素)【重要】 …… 134
耐熱性DNAポリメラーゼ …… 134
PCR(ポリメラーゼ連鎖反応)【重要】 …… 135
PCRの手順【重要】 …… 135
PCRの汎用性 …… 136
機能付加実験 …… 136
機能削除実験 …… 136
遺伝子ノックアウト …… 136
シャトル・ベクター …… 136
培養細胞 …… 137
トランスフェクション …… 137
外来遺伝子導入法 …… 137
トランスジェニック法 …… 138
遺伝子ターゲッティング法【重要】 …… 138
Pエレメント …… 138
マーカー …… 138
緑色蛍光蛋白質(GFP)【重要】 …… 139
β-ガラクトシダーゼ【重要】 …… 139
バイオイメージング …… 139

《第15講》
分子生物学技術の進歩 …… 140
生命倫理学 …… 140
遺伝子組換え技術の応用 …… 140
アシロマ会議 …… 141
遺伝子組換えの実験指針 …… 141
物理的封じ込め【重要】 …… 141
生物学的封じ込め …… 141
カルタヘナ議定書【重要】 …… 141
鎌状赤血球貧血症【重要】 …… 142
分子病【重要】 …… 142
アデノシンデアミナーゼ欠損症【重要】 …… 142
アデノウイルス・ベクター …… 142
医療と科学の関係 …… 143
新薬開発 …… 143
証拠に基づいた医学 …… 143
遺伝子診断 …… 143
DNAフィンガープリント …… 143
除草剤耐性遺伝子の導入 …… 144
遺伝子組換え食品 …… 144
緑の革命 …… 144

索　引（アイウエオ順）

《A～Z》

ATP（アデノシン三燐酸）【重要】…… 39
B細胞【重要】………………………… 104
B細胞受容体【重要】………………… 107
CAP結合部位 ………………………… 62
CD …………………………………… 109
Cro（クロ）蛋白質…………………… 64
Cro蛋白質のオペレーターへの結合過程 ………………………………………… 64
DNAクローニング【重要】………… 132
DNA（デオキシリボ核酸）の構造【重要】 ………………………………………… 27
DNAの熱変性 ……………………… 133
DNAフィンガープリント ………… 143
DNAポリメラーゼ（DNA複製酵素）【重要】……………………………… 55, 134
DNAリガーゼ ……………………… 131
F_{ab}フラグメントとF_cフラグメント … 105
F_c受容体を持つ細胞群……………… 107
GTP結合蛋白質（G蛋白質）………… 76
G蛋白質共役受容体（GPCR）【重要】… 82
G蛋白質共役受容体の汎用性 ……… 83
G蛋白質共役受容体のリガンド ……… 82
HOWの研究…………………………… 10
NADH ………………………………… 41
PCR（ポリメラーゼ連鎖反応）【重要】 135
PCRの手順【重要】………………… 135
PCRの汎用性………………………… 136
pH（ピーエイチ）…………………… 34
Pエレメント ………………………… 138
RNA干渉（RNAi）…………………… 66
RNA（リボ核酸）の構造【重要】…… 28
RNAポリメラーゼ【重要】………… 55
RNAワールド ……………………… 48
TCAサイクル（クエン酸サイクル）… 39
tRNA（トランスファーRNA）……… 56
T細胞 ………………………………… 110
T細胞受容体 ………………………… 110
WHATの研究 ………………………… 10
WHYの研究…………………………… 10
X線結晶解析 ………………………… 71

《ア　行》

アシロマ会議………………………… 141
アデニル酸シクラーゼ【重要】……… 83
アデノウイルス・ベクター ………… 142
アデノシンデアミナーゼ欠損症【重要】 ………………………………………… 142
アナフィラトキシン ………………… 107
アプテラス …………………………… 97
アポトーシス【重要】……………… 111
アミノ酸【重要】…………………… 26
アミノ酸配列 ………………………… 55
アルコール発酵 ……………………… 42
α（アルファ）ヘリックス【重要】…… 72
アロステリック制御【重要】……… 75
アロステリック部位【重要】……… 75
暗状態での光受容細胞 ……………… 85
アンテナペディア …………………… 96
イオン・ポンプ ……………………… 47
イオン結合 ………………………… 30, 33
イオン透過型受容体 ………………… 81
閾値（神経細胞）【重要】…………… 116
閾値（発生分化）【重要】…………… 92
異所的種分化【重要】……………… 124
一遺伝子一mRNA …………………… 65
一細胞一受容体 ……………………… 67
位置情報 ……………………………… 93

遺伝暗号【重要】…… 56
遺伝子 …… 27
遺伝子（遺伝学的定義）…… 17
遺伝子型 …… 18
遺伝子型種概念 …… 123
遺伝子組換え技術の応用 …… 140
遺伝子組換えの実験指針 …… 141
遺伝子組換え食品 …… 144
遺伝子診断 …… 143
遺伝子ターゲッティング法【重要】… 138
遺伝子ノックアウト …… 136
遺伝子発現【重要】…… 60
遺伝情報 …… 55
遺伝的浮動 …… 127
遺伝物質 …… 55
医療と科学の関係 …… 143
インスリンのアミノ酸配列決定 …… 23
インターロイキン2（IL2）…… 112
イントロン【重要】…… 65
インパクト・ファクター …… 11
隠蔽種 …… 126
ウルトラバイソラックス遺伝子の発現 … 99
ウレアーゼの結晶化 …… 23
エネルギー形態 …… 36
エネルギー保存則【重要】…… 36
エピジェネティクス …… 128
エフェクター分子 …… 83
塩基性アミノ酸 …… 70
エングレイルド …… 97
エントロピー …… 35
エントロピー増大の法則【重要】…… 35
エンハンサー …… 65
オーガナイザー（形成体）【重要】…… 89
オーファン受容体 …… 82
オプシン …… 66
オプソニン化 …… 106
オペレーター配列【重要】…… 61
オペロン …… 61
オペロン説 …… 61
折り畳み …… 71
折り畳み実験【重要】…… 71

《カ　行》

会合定数（結合定数）…… 46
開始コドン …… 56
階層原理 …… 9
階層構造 …… 9
解糖系 …… 39
概念的相違点（分子生物学と生化学）… 54
外胚葉 …… 92
外来遺伝子導入法 …… 137
解離定数 …… 46
化学 …… 22
科学（社会学的定義）…… 11
科学（哲学的定義）…… 8
化学進化 …… 48
化学浸透圧説 …… 42
鍵と鍵穴説【重要】…… 73
獲得形質 …… 15
学名【重要】…… 14
仮説 …… 11
活性化エネルギー …… 39
活動電位 …… 115
活動電位の発生機構【重要】…… 116
カナライゼーション …… 90
可変領域 …… 105
鎌状赤血球貧血症【重要】…… 142
神の意図 …… 13
カルタヘナ議定書【重要】…… 141
感覚系 …… 113
環境世界 …… 114
還元 …… 40
還元論【重要】…… 9
眼状紋 …… 100

眼状紋焦点の決定過程 …………………… 100
完全変態 ………………………………… 99
桿体細胞 ………………………………… 85
桿体細胞と錐体細胞 …………………… 66
官能基 …………………………………… 30
記憶細胞 ………………………………… 109
機械論 …………………………………… 23
基質特異性【重要】 …………………… 73
機能削除実験 …………………………… 136
機能付加実験 …………………………… 136
客観性 …………………………………… 9
ギャップ結合 …………………………… 117
嗅覚系 …………………………………… 114
嗅上皮 …………………………………… 119
嗅神経細胞（嗅細胞） ………………… 120
共役【重要】 …………………………… 38
凝集反応 ………………………………… 105
共有結合【重要】 ……………………… 29
虚学 ……………………………………… 12
極性 ……………………………………… 24
極性（アミド基）を持つアミノ酸 ……… 70
極性がなく、硫黄原子を含むアミノ酸
【重要】 ………………………………… 69
極性がなく、芳香族炭化水素を含む
アミノ酸 ………………………………… 69
極性（水酸基）を持つアミノ酸【重要】… 69
極性のないイミノ酸 …………………… 69
極性のない単純アミノ酸 ……………… 69
巨大分子 ………………………………… 26
禁止クローン …………………………… 109
組換えDNA技術 ………………………… 130
クラス・スイッチ（クラス転換） …… 106
グリア細胞（神経膠細胞） …………… 120
グリーン、レッド、ブルーの染色体上の関係… 66
グルコースが存在するとき【重要】…… 62
グルココルチコイドの細胞内情報伝達経路… 86
クローン選択説【重要】 ……………… 108
クロス・トーク ………………………… 88
形態学的種概念 ………………………… 122
結合性軌道 ……………………………… 32
結合的種概念 …………………………… 123
ゲノムの単一性と細胞の多様性 ……… 60
ケプラーの法則 ………………………… 14
ゲル電気泳動法 ………………………… 131
原癌遺伝子【重要】 …………………… 88
原口背唇部 ……………………………… 91
原子価 …………………………………… 29
原子軌道 ………………………………… 30
原始スープ ……………………………… 48
減数分裂【重要】 ……………………… 17
原腸胚（嚢胚） ………………………… 91
高エネルギー燐酸結合 ………………… 40
光合成 …………………………………… 35
抗原 ……………………………………… 104
抗原決定基（エピトープ） …………… 105
抗原抗体反応 …………………………… 104
抗原提示細胞 …………………………… 110
抗原提示【重要】 ……………………… 110
構造遺伝子 ……………………………… 61
構造色 …………………………………… 100
構造生物学 ……………………………… 24
酵素連結受容体 ………………………… 82
抗体【重要】 …………………………… 104
抗体の構造【重要】 …………………… 105
コオプション …………………………… 101
小型G蛋白質 …………………………… 76
呼吸 ……………………………………… 36
呼吸鎖 …………………………………… 41
個体再生実験（植物） ………………… 90
個体再生実験（動物） ………………… 91
骨形成蛋白質（BMP） ………………… 94
固有種 …………………………………… 124
混成軌道（炭素原子） ………………… 32
昆虫 ……………………………………… 99

昆虫の同所的種分化【重要】 ………… 125

《サ 行》

最外殻電子 ……………………………… 29
細菌の単離【重要】……………………… 57
再現性（反復性） ……………………… 9
細胞間コミュニケーションによる統合 … 80
細胞傷害性T細胞（キラーT細胞） … 111
細胞体 …………………………………… 115
細胞内外のイオン分布 ………………… 47
細胞内共生説【重要】…………………… 48
細胞内小器官（オルガネラ）…………… 49
細胞の分化運命決定の実験 …………… 94
細胞膜の構造【重要】…………………… 47
サザン・ブロッティング ……………… 133
サプレッサーT細胞 …………………… 112
酸塩基同時触媒 ………………………… 74
酸化 ……………………………………… 40
サンガー法【重要】 …………………… 133
酸化還元反応 …………………………… 40
酸化的燐酸化 …………………………… 41
酸化的燐酸化のメカニズム【重要】…… 41
サンザシミバエ ………………………… 125
酸性アミノ酸 …………………………… 70
酸性・塩基性 …………………………… 34
三量体G蛋白質 ………………………… 76
磁気量子数 ……………………………… 31
軸索 ……………………………………… 115
自己免疫疾患 …………………………… 112
脂質 ……………………………………… 25
シスエレメント ………………………… 99
シスエレメントの変化 ………………… 101
自然科学 ………………………………… 12
自然選択（自然淘汰）…………………… 15
自然選択説【重要】……………………… 16
実学 ……………………………………… 12
実験系の限定【重要】 ………………… 8
実験手法の相違点（分子生物学と生化学）
　…………………………………………… 54
シナプス ………………………………… 117
シナプス小胞 …………………………… 117
脂肪酸 …………………………………… 25
姉妹種 …………………………………… 123
シャトル・ベクター …………………… 136
シャルガフ則 …………………………… 59
ジャンクDNA …………………………… 65
自由エネルギー変化 ΔG【重要】……… 37
終止コドン ……………………………… 56
雌雄モザイク …………………………… 102
樹状突起 ………………………………… 115
種の実在性 ……………………………… 121
種分化 …………………………… 16, 121
種分化メカニズムの一般論 …………… 127
シュペーマンとマンゴールドの実験
　【重要】 ………………………………… 92
受容器電位 ……………………………… 115
主要組織適合性遺伝子複合体（MHC）
　【重要】………………………………… 111
受容体【重要】…………………………… 81
受容特異性【重要】 …………………… 114
主量子数 ………………………………… 31
証拠に基づいた医学 …………………… 143
ショウジョウバエの翅原基 …………… 97
上皮成長因子（EGF）…………………… 87
上皮成長因子によって開始される細胞内情
　報伝達経路 …………………………… 87
触媒機能分子 …………………………… 48
触媒作用 ………………………………… 38
除草剤耐性遺伝子の導入 ……………… 144
自律神経系 ……………………………… 113
真核細胞の膜構造 ……………………… 49
進化的種概念 …………………………… 123
神経筋接合部 …………………………… 118
神経細胞 ………………………………… 115

神経伝達物質 …… 80
神経伝達物質【重要】 …… 117
神経分泌細胞 …… 113
神経ペプチド …… 118
神秘主義 …… 13
新薬開発 …… 143
親和性（アフィニティー） …… 44
水素結合【重要】 …… 24, 33
錐体細胞 …… 85
水和 …… 24
ステロイド …… 26
ステロイド・ホルモン …… 86
スピン量子数 …… 32
スプライシング【重要】 …… 65
生気 …… 23
制限酵素【重要】 …… 131
静止電位（静止膜電位） …… 49
生殖隔離の強化 …… 124
生殖的隔離【重要】 …… 122
聖書の世界観 …… 15
生態学的種概念 …… 122
生体蛋白質を構成するアミノ酸 …… 68
生体を構成する元素 …… 24
成虫原基 …… 90
成長因子 …… 81
正当化 …… 11
生物学 …… 13
生物学的種概念【重要】 …… 122
生物学的封じ込め …… 141
生物の大分類（原核生物と真核生物）【重要】 …… 48
生命倫理学 …… 140
絶対的真理 …… 10
セレクター遺伝子 …… 97
全か無かの法則 …… 119
前後軸の位置情報 …… 98
染色体 …… 54
染色体（細胞学的定義） …… 17
染色体倍数化の過程 …… 126
先天免疫系【重要】 …… 104
セントラル・ドグマ（中心教義）【重要】 …… 59
双極細胞 …… 119
相同染色体 …… 17
疎水相互作用 …… 25, 33

《タ　行》

ダーウィン …… 15
体細胞組換え【重要】 …… 108
体細胞超突然変異 …… 108
代謝型受容体 …… 82
大腸菌 …… 58
第二メッセンジャー …… 82
耐熱性DNAポリメラーゼ …… 134
対立遺伝子 …… 17
対立遺伝子排除（対立遺伝子阻害） …… 67
対立形質 …… 18
脱分極 …… 115
多様性 …… 10
単位形質【重要】 …… 18
単一性 …… 10
蛋白質【重要】 …… 29, 55
蛋白質キナーゼ（プロテイン・キナーゼ）【重要】 …… 76
蛋白質チロシン・キナーゼ …… 87
蛋白質の１次構造 …… 71
蛋白質の機能を構造から観る考え方 …… 68
蛋白質の3次構造 …… 72
蛋白質の動的機能 …… 68
蛋白質の2次構造 …… 72
蛋白質の４次構造 …… 72
蛋白質フォスファターゼ（プロテイン・フォスファターゼ） …… 76
蛋白質燐酸化【重要】 …… 75

タンポポの無性生殖 …… 126
中胚葉 …… 92
調節遺伝子 …… 61
地理的クライン …… 125
ツールキット遺伝子群（遺伝的ツールキット）【重要】 …… 93
低分子量有機化合物 …… 25
適応免疫系【重要】 …… 104
適合誘導 …… 75
テトラヌクレオチド仮説 …… 57
ΔGとモル濃度の関係 …… 37
電位依存性カリウム・チャネル …… 116
電位依存性ナトリウム・チャネル …… 115
電気陰性度【重要】 …… 29
電気陰性度の高い原子【重要】 …… 30
電気シナプス …… 118
電気的シグナルへの変換 …… 118
電子配置 …… 32
転写【重要】 …… 55
転写因子 …… 65
糖質 …… 25
同所的種分化 …… 124
特異的相互作用【重要】 …… 34
独立の法則 …… 19
突然変異遺伝子【重要】 …… 16
ドメイン …… 72
トランスジェニック法 …… 138
トランスフェクション …… 137

《ナ　行》

ナイーブB細胞 …… 109
ナイーブB細胞活性化の過程 …… 109
内胚葉 …… 92
ナトリウム・ポンプ …… 117
匂い受容体 …… 67
匂い物質の受容過程【重要】 …… 84
ニコチン性アセチルコリン受容体 …… 83
二重らせん構造の提唱【重要】 …… 59
二重らせん構造モデル【重要】 …… 23
二次リンパ器官 …… 111
二倍体 …… 17
二名法 …… 14
乳酸経路 …… 42
ニュートン …… 14
尿素の有機合成 …… 23
認知的種概念 …… 122
ヌクレイン …… 57
ヌクレオチド【重要】 …… 26
熱ショック蛋白質 …… 86
ノギンとコーディン …… 94
ノザン・ブロッティング …… 134

《ハ　行》

肺炎双球菌の遺伝物質の同定実験 …… 58
肺炎双球菌の形質転換実験【重要】 …… 58
肺炎双球菌のコロニー形態 …… 57
バイオイメージング …… 139
バイソラックス …… 96
ハイブリダイゼーション …… 133
培養細胞 …… 137
ハウスキーピング遺伝子 …… 90
バクテリオファージ …… 58
博物学 …… 14
発生運命の決定 …… 89
発生学 …… 89
波動方程式 …… 30
翅の発明 …… 99
半数体 …… 17
反応拡散系 …… 50
反応拡散系のメカニズム …… 50
反応速度 …… 38, 45
反応中間体による触媒活性 …… 74
万有引力の法則 …… 14
光受容体の発現調節のモデル …… 66

光受容の過程 ……………………… 86
非共有結合【重要】………………… 33
ビコイド【重要】…………………… 95
ビコイドの作用機序 ………………… 95
批判的思考 ………………………… 11
表現型 ……………………………… 18
表現型可塑性 ……………………… 128
頻度コード【重要】 ……………… 119
ファンデルワールス相互作用 ……… 33
フェロモン【重要】 ……………… 114
不応期 ……………………………… 116
不確定性原理 ……………………… 8
不斉炭素原子 ……………………… 28
物理的封じ込め【重要】 ………… 141
負のフィードバック制御 ………… 75
プラスミド【重要】 ……………… 131
ブレンダー実験 …………………… 58
プロテアソーム …………………… 77
プロモーター配列【重要】……… 61
分化【重要】……………………… 90
分子間相互作用の総体としての生命 … 88
分子間の特異的相互作用と膜による
　仕切り【重要】………………… 44
分子系統樹 ………………………… 127
分子シャペロン …………………… 71
分子進化の中立説【重要】 ……… 127
分子生物学技術の進歩 …………… 140
分子時計【重要】 ………………… 127
分子の熱運動 ……………………… 44
分子病【重要】 …………………… 142
分離の法則 ………………………… 18
分類階級 …………………………… 121
平衡状態【重要】………………… 45
平衡定数 K_a ……………………… 45
β-ガラクトシダーゼ【重要】……… 139
β（ベータ）ストランド【重要】… 72
ヘキソキナーゼ …………………… 74
ヘキソキナーゼの立体構造変化 …… 74
ベクター …………………………… 131
ベスティジアルとスカロップト …… 97
ヘテロクロニー（異時性） ……… 101
ペプチド結合【重要】 ………… 28, 70
ヘルパーT細胞【重要】 ………… 110
変性 ………………………………… 73
哺育細胞 …………………………… 95
方位量子数 ………………………… 31
胞胚 ………………………………… 91
方法論としての分子生物学 ……… 130
母性効果 …………………………… 95
補体系 ……………………………… 106
補体系の作用順序 ………………… 106
ホメオティック遺伝子群【重要】… 96
ホメオティック変異（ホメオシス）… 96
ポリマー …………………………… 26
ホルモン …………………………… 80
ホルモンによる制御 ……………… 102
翻訳【重要】……………………… 56

《マ 行》

マーカー …………………………… 138
摩訶不思議性 ……………………… 12
マキサム・ギルバート法 ………… 133
膜貫通型受容体と細胞内受容体 …… 81
膜電位【重要】…………………… 49
膜電位発生の思考実験【重要】…… 49
マクロファージ【重要】 ………… 103
水 …………………………………… 24
水のイオン化 ……………………… 25
水の電離式 ………………………… 34
緑の革命 …………………………… 144
ムスカリン性アセチルコリン受容体 … 83
免疫学の歴史的背景 ……………… 103
免疫寛容 …………………………… 112
免疫グロブリン・クラス ………… 106

免疫グロブリン・ドメイン …………… 105
メンデル ……………………………… 16
網膜 ……………………………………… 119
モジュール ………………………………… 73
モチーフ ………………………………… 72
モルフォゲン【重要】…………………… 90
モルフォゲン調節 ……………………… 101
モルフォゲン濃度勾配モデル【重要】… 93

《ヤ　行》

優性遺伝子 ……………………………… 19
優劣（優性）の法則 …………………… 19
輸送体 …………………………………… 47
ユビキチン ……………………………… 77
溶菌サイクル …………………………… 63
溶菌・溶原サイクルの決定【重要】…… 63
溶原サイクル …………………………… 63
用不用説 ………………………………… 15

《ラ　行》

ラクトース・オペロンの構造遺伝子 … 62
ラクトース・オペロンの調節遺伝子 … 62
ラクトース消費への切り替え ………… 60
ラクトースのみが存在するとき【重要】
………………………………………… 62
λファージ ……………………………… 63
λファージの溶原・溶菌オペロン …… 64
λ(ラムダ) リプレッサー［平衡移動の法則の利用例］………………………… 46
λリプレッサー蛋白質 ………………… 63
λリプレッサーのオペレーターへの結合過程 ……………………………………… 64
リアル・タイムのダイナミクス ……… 103
理解のタマネギ構造 …………………… 13
リガンド ………………………………… 81
リボザイム …………………………… 48, 73
リボソーム ……………………………… 56
量子数 …………………………………… 31
量的形質 ………………………………… 18
緑色蛍光蛋白質 (GFP)【重要】……… 139
リンゴミバエ …………………………… 125
燐脂質【重要】………………………… 25
輪状種 …………………………………… 125
鱗粉 ……………………………………… 100
鱗粉細胞の運命決定過程 …………… 100
ル・シャトリエの法則 (平衡移動の法則)
………………………………………… 45
歴史性 …………………………………… 22
劣性遺伝子 ……………………………… 19
連鎖 ……………………………………… 19
ロドプシン【重要】…………………… 85

■著者略歴

大瀧　丈二（おおたき　じょうじ）

長崎市出身。筑波大学第二学群生物学類卒業。マサチューセッツ大学アマースト校化学部卒業。コロンビア大学大学院生物科学部博士課程修了、Ph.D.取得。ケンブリッジ大学医学部ポストドクター研究員、神奈川大学理学部生物科学科助手を経て、琉球大学理学部海洋自然科学科生物系助教授。2007年度より准教授。蝶の色模様形成と進化、化学物質受容、蛋白質科学、および自然療法に関して研究中。

専門著書
『嗅覚系の分子神経生物学』（フレグランスジャーナル社）および『現代生物学の基本原理15講』（大学教育出版）がある。科学や医療に関する社会思想家でもあり、『自然史思想への招待』（緑風出版）をはじめとした著書・訳書も多数ある。

現代生物学の基本原理〈要点集〉

2008年4月30日　初版第1刷発行
2012年4月2日　初版第2刷発行

■著　　者── 大瀧丈二
■発 行 者── 佐藤　守
■発 行 所── 株式会社 大学教育出版
〒700-0953　岡山市南区西市855-4
電話（086）244-1268(代)　FAX（086）246-0294
■印刷製本── サンコー印刷(株)
■D　T　P── 難波田見子

ISBN978-4-88730-833-6